中国科学院中国孢子植物志编辑委员会　编辑

中 国 真 菌 志

第四十四卷

牛肝菌科(II)

臧　穆　主编

中国科学院知识创新工程重大项目
国家自然科学基金重大项目
(国家自然科学基金委员会　中国科学院　国家科学技术部　资助)

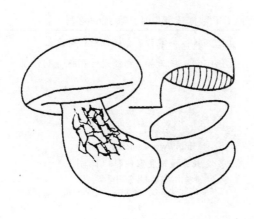

科 学 出 版 社
北 京

内 容 简 介

本卷是《中国真菌志第二十二卷牛肝菌科(I)》的续编,包括 11 属: VI. 褐孔牛肝菌属 *Boletinellus*(1 种)、VII. 小牛肝菌属 *Boletinus*(11 种)、 VIII. 褐孔小牛肝菌属 *Fuscoboletinus*(4 种)、IX. 圆孢牛肝菌属 *Gyrodon*(3 种)、X. 圆孔牛肝菌属 *Gyroporus*(11 种)、XI. 疣柄牛肝菌属 *Leccinum*(23 种)、XII. 隆柄牛肝菌属 *Phlebopus*(1 种)、XIII. 粉末牛肝菌属 *Pulveroboletus*(6 种)、XIV. 华牛肝菌属 *Sinoboletus*(11 种)、XV. 绒盖牛肝菌属 *Xerocomus*(42 种)和 XVI. 金孢牛肝菌属 *Xanthoconium*(2 种),共计 115 种。每种有主要文献引证,形态特征描述,种名拉丁文释义,模式产地,生境与已知树种组合,中国产地及世界主要分布区。部分种追记了其研究史,并讨论了与相近菌种的关系和用途。本卷附墨线图 40 幅,彩照 12 幅,图例说明及检索表均具汉英文对照。

本书可供环境生物学、农、林、牧、医药工作者以及有关的大中专院校师生参考,并为我国牛肝菌资源开发、保护和利用提供基础资料。

图书在版编目(CIP)数据

中国真菌志. 第 44 卷, 牛肝菌科. 2 / 臧穆主编. —北京: 科学出版社, 2013.6

(中国孢子植物志)

ISBN 978-7-03-037822-4

I. 中… II. ①臧… III. ①真菌志–中国 ②牛肝菌科–真菌志–中国 IV. ①Q949.32 ②949.329

中国版本图书馆 CIP 数据核字(2013)第 126968 号

责任编辑:韩学哲 / 责任校对:郑金红
责任印制:钱玉芬 / 责任设计:槐寿明

科 学 出 版 社 出版
北京东黄城根北街 16 号
邮政编码:100717
http://www.sciencep.com

北京通州皇家印刷厂 印刷
科学出版社编务公司排版制作
科学出版社发行 各地新华书店经销

*

2013 年 6 月第 一 版　　　开本:787×1092 1/16
2013 年 6 月第一次印刷　　　印张:11 1/4　插页:4
字数:226 000

定价:98.00 元

CONSILIO FLORARUM CRYPTOGAMARUM SINICARUM

ACADEMIAE SINICAE EDITA

FLORA FUNGORUM SINICORUM

VOL. 44

BOLETACEAE (II)

REDACTOR PRINCIPALIS

Zang Mu

**A Major Project of the Knowledge Innovation Program
of the Chinese Academy of Sciences**
A Major Project of the National Natural Science Foundation of China
(Supported by the National Natural Science Foundation of China,
the Chinese Academy of Sciences, and the Ministry of Science and Technology of China)

Science Press

Beijing

牛肝菌科 (II)

本卷著者

臧 穆 黎兴江

（中国科学院昆明植物研究所隐花植物标本馆）

何应森

（成都师范学院生物系）

BOLETACEAE (II)

AUCTORES

Zang Mu   Li Xing-Jiang

(*Herbarium Cryptogamicum, Instituti Botanici Kunmingensis, Academiae Sinicae*)

He Ying-Sen

(*Chengdu Normal University, Department of Biology*)

献　给

我们的恩师王鸣岐、王云章教授

This volume is dedicated to our respected teachers,

who inspired us to complete this work.

熙济　王鸣岐教授

Prof. Dr. Ming-Qi WANG

（Feb. 17, 1905—Sep. 19, 1995）

蔚青　王云章教授

Prof. Dr. Yun-Chang WANG

（Oct. 12, 1906—Oct. 22, 2012）

序

  中国孢子植物志是非维管束孢子植物志，分《中国海藻志》、《中国淡水藻志》、《中国真菌志》、《中国地衣志》及《中国苔藓志》五部分。中国孢子植物志是在系统生物学原理与方法的指导下对中国孢子植物进行考察、收集和分类的研究成果；是生物多样性研究的主要内容；是物种保护的重要依据，对人类活动与环境甚至全球变化都有不可分割的联系。

  中国孢子植物志是我国孢子植物物种数量、形态特征、生理生化性状、地理分布及其与人类关系等方面的综合信息库；是我国生物资源开发利用、科学研究与教学的重要参考文献。

  我国气候条件复杂，山河纵横，湖泊星布，海域辽阔，陆生和水生孢子植物资源极其丰富。中国孢子植物分类工作的发展和中国孢子植物志的陆续出版，必将为我国开发利用孢子植物资源和促进学科发展发挥积极作用。

  随着科学技术的进步，我国孢子植物分类工作在广度和深度方面将有更大的发展，对于这部著作也将不断补充、修订和提高。

中国科学院中国孢子植物志编辑委员会

1984 年 10 月·北京

中国孢子植物志总序

　　中国孢子植物志是由《中国海藻志》、《中国淡水藻志》、《中国真菌志》、《中国地衣志》及《中国苔藓志》所组成。至于维管束孢子植物蕨类未被包括在中国孢子植物志之内，是因为它早先已被纳入《中国植物志》计划之内。为了将上述未被纳入《中国植物志》计划之内的藻类、真菌、地衣及苔藓植物纳入中国生物志计划之内，出席1972年中国科学院计划工作会议的孢子植物学工作者提出筹建"中国孢子植物志编辑委员会"的倡议。该倡议经中国科学院领导批准后，"中国孢子植物志编辑委员会"的筹建工作随之启动，并于1973年在广州召开的《中国植物志》、《中国动物志》和中国孢子植物志工作会议上正式成立。自那时起，中国孢子植物志一直在"中国孢子植物志编辑委员会"统一主持下编辑出版。

　　孢子植物在系统演化上虽然并非单一的自然类群，但是，这并不妨碍在全国统一组织和协调下进行孢子植物志的编写和出版。

　　随着科学技术的飞速发展，人们关于真菌的知识日益深入的今天，黏菌与卵菌已被从真菌界中分出，分别归隶于原生动物界和管毛生物界。但是，长期以来，由于它们一直被当作真菌由国内外真菌学家进行研究；而且，在"中国孢子植物志编辑委员会"成立时已将黏菌与卵菌纳入中国孢子植物志之一的《中国真菌志》计划之内并陆续出版，因此，沿用包括黏菌与卵菌在内的《中国真菌志》广义名称是必要的。

　　自"中国孢子植物志编辑委员会"于1973年成立以后，作为"三志"的组成部分，中国孢子植物志的编研工作由中国科学院资助；自1982年起，国家自然科学基金委员会参与部分资助；自1993年以来，作为国家自然科学基金委员会重大项目，在国家基金委资助下，中国科学院及科技部参与部分资助，中国孢子植物志的编辑出版工作不断取得重要进展。

　　中国孢子植物志是记述我国孢子植物物种的形态、解剖、生态、地理分布及其与人类关系等方面的大型系列著作，是我国孢子植物物种多样性的重要研究成果，是我国孢子植物资源的综合信息库，是我国生物资源开发利用、科学研究与教学的重要参考文献。

　　我国气候条件复杂，山河纵横，湖泊星布，海域辽阔，陆生与水生孢子植物物种多样性极其丰富。中国孢子植物志的陆续出版，必将为我国孢子植物资源的开发利用，为我国孢子植物科学的发展发挥积极作用。

中国科学院中国孢子植物志编辑委员会

主编　曾呈奎

2000年3月　北京

Foreword of the Cryptogamic Flora of China

Cryptogamic Flora of China is composed of *Flora Algarum Marinarum Sinicarum*, *Flora Algarum Sinicarum Aquae Dulcis*, *Flora Fungorum Sinicorum*, *Flora Lichenum Sinicorum*, and *Flora Bryophytorum Sinicorum*, edited and published under the direction of the Editorial Committee of the Cryptogamic Flora of China, Chinese Academy of Sciences (CAS). It also serves as a comprehensive information bank of Chinese cryptogamic resources.

Cryptogams are not a single natural group from a phylogenetic point of view which, however, does not present an obstacle to the editing and publication of the Cryptogamic Flora of China by a coordinated, nationwide organization.The Cryptogamic Flora of China is restricted to non-vascular cryptogams including the bryophytes, algae, fungi, and lichens.The ferns, a group of vascular cryptogams, were earlier included in the plan of *Flora of China*, and are not taken into consideration here.In order to bring the above groups into the plan of Fauna and Flora of China, some leading scientists on cryptogams, who were attending a working meeting of CAS in Beijing in July 1972, proposed to establish the Editorial Committee of the Cryptogamic Flora of China.The proposal was approved later by the CAS.The committee was formally established in the working conference of Fauna and Flora of China, including cryptogams, held by CAS in Guangzhou in March 1973.

Although myxomycetes and oomycetes do not belong to the Kingdom of Fungi in modern treatments, they have long been studied by mycologists. *Flora Fungorum Sinicorum* volumes including myxomycetes and oomycetes have been published, retaining for *Flora Fungorum Sinicorum* the traditional meaning of the term fungi.

Since the establishment of the editorial committee in 1973, compilation of Cryptogamic Flora of China and related studies have been supported financially by the CAS.The National Natural Science Foundation of China has taken an important part of the financial support since 1982.Under the direction of the committee, progress has been made in compilation and study of Cryptogamic Flora of China by organizing and coordinating the main research institutions and universities all over the country.Since 1993, study and compilation of the Chinese fauna, flora, and cryptogamic flora have become one of the key state projects of the National Natural Science Foundation with the combined support of the CAS and the National Science and Technology Ministry.

Cryptogamic Flora of China derives its results from the investigations, collections, and classification of Chinese cryptogams by using theories and methods of systematic and evolutionary biology as its guide.It is the summary of study on species diversity of cryptogams and provides important data for species protection.It is closely connected with human activities, environmental changes and even global changes.Cryptogamic Flora of China is a comprehensive information bank concerning morqhology, anatomy, physiology, biochemistry, ecology, and phytogeographical distribution.It includes a series of special monographs for using the biological resources in China, for scientific research, and for teaching.

China has complicated weather conditions, with a crisscross network of mountains and rivers, lakes of all sizes, and an extensive sea area.China is rich in terrestrial and aquatic cryptogamic resources.The development of taxonomic studies of cryptogams and the publication of Cryptogamic Flora of China in concert will play an active role in exploration and utilization of the cryptogamic resources of China and in promoting the development of cryptogamic studies in China.

C. K. Tseng
Editor-in-Chief
The Editorial Committee of the Cryptogamic Flora of China
Chinese Academy of Sciences
March, 2000 in Beijing

《中国真菌志》序

　　《中国真菌志》是在系统生物学原理和方法指导下，对中国真菌，即真菌界的子囊菌、担子菌、壶菌及接合菌四个门以及不属于真菌界的卵菌等三个门和黏菌及其类似的菌类生物进行搜集、考察和研究的成果。本志所谓"真菌"系广义概念，涵盖上述三大菌类生物(地衣型真菌除外)，即当今所称"菌物"。

　　中国先民认识并利用真菌作为生活、生产资料，历史悠久，经验丰富，诸如酒、醋、酱、红曲、豆豉、豆腐乳、豆瓣酱等的酿制，蘑菇、木耳、茭白作食用，茯苓、虫草、灵芝等作药用，在制革、纺织、造纸工业中应用真菌进行发酵，以及利用具有抗癌作用和促进碳素循环的真菌，充分显示其经济价值和生态效益。此外，真菌又是多种植物和人畜病害的病原菌，危害甚大。因此，对真菌物种的形态特征、多样性、生理生化、亲缘关系、区系组成、地理分布、生态环境以及经济价值等进行研究和描述，非常必要。这是一项重要的基础科学研究，也是利用益菌、控制害菌、化害为利、变废为宝的应用科学的源泉和先导。

　　中国是具有悠久历史的文明古国，从远古到明代的 4500 年间，科学技术一直处于世界前沿，真菌学也不例外。酒是真菌的代谢产物，中国酒文化博大精深、源远流长，有六七千年历史。约在公元 300 年的晋代，江统在其《酒诰》诗中说："酒之所兴，肇自上皇。或云仪狄，又曰杜康。有饭不尽，委之空桑。郁结成味，久蓄气芳。本出于此，不由奇方。"作者精辟地总结了我国酿酒历史和自然发酵方法，比之意大利学者雷蒂(Radi，1860)提出微生物自然发酵法的学说约早 1500 年。在仰韶文化时期(5000~3000 B. C.)，我国先民已懂得采食蘑菇。中国历代古籍中均有食用菇蕈的记载，如宋代陈仁玉在其《菌谱》(1245 年)中记述浙江台州产鹅膏菌、松蕈等 11 种，并对其形态、生态、品级和食用方法等作了论述和分类，是中国第一部地方性食用蕈菌志。先民用真菌作药材也是一大创造，中国最早的药典《神农本草经》(成书于 102~200 A. D.)所载 365 种药物中，有茯苓、雷丸、桑耳等 10 余种药用真菌的形态、色泽、性味和疗效的叙述。明代李时珍在《本草纲目》(1578)中，记载"三菌"、"五蕈"、"六芝"、"七耳"以及羊肚菜、桑黄、鸡坳、雪蚕等 30 多种药用真菌。李氏将菌、蕈、芝、耳集为一类论述，在当时尚无显微镜帮助的情况下，其认识颇为精深。该籍的真菌学知识，足可代表中国古代真菌学水平，堪与同时代欧洲人(如 C. Clusius，1529~1609)的水平比拟而无逊色。

　　15 世纪以后，居世界领先地位的中国科学技术，逐渐落后。从 18 世纪中叶到 20 世纪 40 年代，外国传教士、旅行家、科学工作者、外交官、军官、教师以及负有特殊任务者，纷纷来华考察，搜集资料，采集标本，研究鉴定，发表论文或专辑。如法国传教士西博特(P. M. Cibot)1759 年首先来到中国，一住就是 25 年，对中国的植物(含真菌)写过不少文章，1775 年他发表的五棱散尾菌(*Lysurus mokusin*)，是用现代科学方法研究发表的第一个中国真菌。继而，俄国的波塔宁(G. N. Potanin，1876)、意大利的吉拉迪(P. Giraldii，1890)、奥地利的汉德尔-马泽蒂(H. Handel Mazzetti，1913)、美国的梅里尔(E. D. Merrill，1916)、瑞典的史密斯(H. Smith，1921)等共 27 人次来我国采集标本。研究发表中国真菌论著 114 篇册，作者多达 60 余人次，报道中国真菌 2040 种，其中含 10 新属、361 新种。东邻日本自 1894 年以来，特别是 1937 年以后，大批人员涌到中国，调查真菌资源及植物病害，采集标本，鉴定发表。据初步统计，发表论著 172 篇册，作者 67 人次以上，共报道中国真菌约 6000 种（有重复），其中含 17 新属、1130 新种。其代表人物在华北有三宅市郎(1908)，东北有三浦道哉(1918)，台湾有泽田兼吉(1912)；此外，还有斋藤贤道、伊藤诚哉、平冢直秀、山本和太郎、逸见武雄等数十人。

国人用现代科学方法研究中国真菌始于 20 世纪初，最初工作多侧重于植物病害和工业发酵，纯真菌学研究较少。在一二十年代便有不少研究报告和学术论文发表在中外各种刊物上，如胡先骕 1915 年的"菌类鉴别法"，章祖纯 1916 年的"北京附近发生最盛之植物病害调查表"以及钱穟孙(1918)、邹钟琳(1919)、戴芳澜(1920)、李寅恭(1921)、朱凤美(1924)、孙豫寿(1925)、俞大绂(1926)、魏嵒寿(1928)等的论文。三四十年代有陈鸿康、邓叔群、魏景超、凌立、周宗璜、欧世璜、方心芳、王云章、裴维蕃等发表的论文，为数甚多。他们中有的人终生或大半生都从事中国真菌学的科教工作，如戴芳澜(1893~1973)著"江苏真菌名录"(1927)、"中国真菌杂记"(1932~1946)、《中国已知真菌名录》(1936，1937)、《中国真菌总汇》(1979)和《真菌的形态和分类》(1987)等，他发表的"三角枫上白粉菌一新种"(1930)，是国人用现代科学方法研究、发表的第一个中国真菌新种。邓叔群(1902~1970)著"南京真菌记载"(1932~1933)、"中国真菌续志"(1936~1938)、《中国高等真菌志》(1939)和《中国的真菌》(1963，1996)等，堪称《中国真菌志》的先导。上述学者以及其他许多真菌学工作者，为《中国真菌志》研编的起步奠定了基础。

在 20 世纪后半叶，特别是改革开放以来的 20 多年，中国真菌学有了迅猛的发展，如各类真菌学课程的开设，各级学位研究生的招收和培养，专业机构和学会的建立，专业刊物的创办和出版，地区真菌志的问世等，使真菌学人才辈出，为《中国真菌志》的研编输送了新鲜血液。1973 年中国科学院广州"三志"会议决定，《中国真菌志》的研编正式启动，1987 年由郑儒永、余永年等编辑出版了《中国真菌志》第 1 卷《白粉菌目》，至 2000 年已出版 14 卷。自第 2 卷开始实行主编负责制，2.《银耳目和花耳目》(刘波主编，1992)；3.《多孔菌科》(赵继鼎，1998)；4.《小煤炱目Ⅰ》(胡炎兴，1996)；5.《曲霉属及其相关有性型》(齐祖同，1997)；6.《霜霉目》(余永年，1998)；7.《层腹菌目》(刘波，1998)；8.《核盘菌科和地舌菌科》(庄文颖，1998)；9.《假尾孢属》(刘锡琎、郭英兰，1998)；10.《锈菌目Ⅰ》(王云章、庄剑云，1998)；11.《小煤炱目Ⅱ》(胡炎兴，1999)；12.《黑粉菌科》(郭林，2000)；13.《虫霉目》(李增智，2000)；14.《灵芝科》(赵继鼎、张小青，2000)。盛世出巨著，在国家"科教兴国"英明政策的指引下，《中国真菌志》的研编和出版，定将为中华灿烂文化做出新贡献。

余永年　　谨识
庄文颖
中国科学院微生物研究所
中国·北京·中关村
公元 2002 年 09 月 15 日

Foreword of Flora Fungorum Sinicorum

Flora Fungorum Sinicorum summarizes the achievements of Chinese mycologists based on principles and methods of systematic biology in intensive studies on the organisms studied by mycologists, which include non-lichenized fungi of the Kingdom Fungi, some organisms of the Chromista, such as oomycetes etc., and some of the Protozoa, such as slime molds.In this series of volumes, results from extensive collections, field investigations, and taxonomic treatments reveal the fungal diversity of China.

Our Chinese ancestors were very experienced in the application of fungi in their daily life and production.Fungi have long been used in China as food, such as edible mushrooms, including jelly fungi, and the hypertrophic stems of water bamboo infected with *Ustilago esculenta*; as medicines, like *Cordyceps sinensis* (caterpillar fungus), *Poria cocos* (China root), and *Ganoderma* spp. (lingzhi) ; and in the fermentation industry, for example, manufacturing liquors, vinegar, soy-sauce, *Monascus*, fermented soya beans, fermented bean curd, and thick broad-bean sauce.Fungal fermentation is also applied in the tannery, paperma-king, and textile industries.The anti-cancer compounds produced by fungi and functions of saprophytic fungi in accelerating the carbon-cycle in nature are of economic value and ecological benefits to human beings.On the other hand, fungal pathogens of plants, animals and human cause a huge amount of damage each year.In order to utilize the beneficial fungi and to control the harmful ones, to turn the harmfulness into advantage, and to convert wastes into valuables, it is necessary to understand the morphology, diversity, physiology, biochemistry, relationship, geographical distribution, ecological environment, and economic value of different groups of fungi. *Flora Fungorum Sinicorum* plays an important role from precursor to fountainhead for the applied sciences.

China is a country with an ancient civilization of long standing.In the 4500 years from remote antiquity to the Ming Dynasty, her science and technology as well as knowledge of fungi stood in the leading position of the world.Wine is a metabolite of fungi.The Wine Culture history in China goes back 6000 to 7000 years ago, which has a distant source and a long stream of extensive knowledge and profound scholarship.In the Jin Dynasty (*ca.* 300 A.D.), JIANG Tong, the famous writer, gave a vivid account of the Chinese fermentation history and methods of wine processing in one of his poems entitled *Drinking Games* (Jiu Gao), 1500 years earlier than the theory of microbial fermentation in natural conditions raised by the Italian scholar, Radi (1860). During the period of the Yangshao Culture (5000—3000 B. C.), our Chinese ancestors knew how to eat mushrooms. There were a great number of records of edible mushrooms in Chinese ancient books. For example, back to the Song Dynasty, CHEN Ren-Yu (1245) published the *Mushroom Menu* (Jun Pu) in which he listed

11 species of edible fungi including *Amanita* sp.and *Tricholoma matsutake* from Taizhou, Zhejiang Province, and described in detail their morphology, habitats, taxonomy, taste, and way of cooking. This was the first local flora of the Chinese edible mushrooms.Fungi used as medicines originated in ancient China. The earliest Chinese pharmacopocia, *Shen-Nong Materia Medica* (Shen Nong Ben Cao Jing), was published in 102—200 A. D. Among the 365 medicines recorded, more than 10 fungi, such as *Poria cocos* and *Polyporus mylittae*, were included. Their fruitbody shape, color, taste, and medical functions were provided.The great pharmacist of Ming Dynasty, LI Shi-Zhen (1578) published his eminent work *Compendium Materia Medica* (Ben Cao Gang Mu) in which more than thirty fungal species were accepted as medicines, including *Aecidium mori*, *Cordyceps sinensis*, *Morchella* spp., *Termitomyces* sp., etc.Before the invention of microscope, he managed to bring fungi of different classes together, which demonstrated his intelligence and profound knowledge of biology.

After the 15th century, development of science and technology in China slowed down.From middle of the 18th century to the 1940's, foreign missionaries, tourists, scientists, diplomats, officers, and other professional workers visited China.They collected specimens of plants and fungi, carried out taxonomic studies, and published papers, exsi ccatae, and monographs based on Chinese materials.The French missionary, P. M. Cibot, came to China in 1759 and stayed for 25 years to investigate plants including fungi in different regions of China.Many papers were written by him. *Lysurus mokusin*, identified with modern techniques and published in 1775, was probably the first Chinese fungal record by these visitors.Subsequently, around 27 man-times of foreigners attended field excursions in China, such as G. N. Potanin from Russia in 1876, P. Giraldii from Italy in 1890, H. Handel-Mazzetti from Austria in 1913, E. D. Merrill from the United States in 1916, and H. Smith from Sweden in 1921. Based on examinations of the Chinese collections obtained, 2040 species including 10 new genera and 361 new species were reported or described in 114 papers and books.Since 1894, especially after 1937, many Japanese entered China.They investigated the fungal resources and plant diseases, collected specimens, and published their identification results.According to incomplete information, some 6000 fungal names (with synonyms) including 17 new genera and 1130 new species appeared in 172 publications.The main workers were I. Miyake in the Northern China, M. Miura in the Northeast, K. Sawada in Taiwan, as well as K. Saito, S. Ito, N. Hiratsuka, W. Yamamoto, T. Hemmi, etc.

Research by Chinese mycologists started at the turn of the 20th century when plant diseases and fungal fermentation were emphasized with very little systematic work.Scientific papers or experimental reports were published in domestic and international journals during the 1910's to 1920's. The best-known are "Identification of the fungi" by H. H. Hu in 1915, "Plant disease report from Peking and the adjacent regions" by C. S. Chang in 1916, and papers by S. S. Chian (1918), C. L. Chou (1919), F. L. Tai (1920), Y. G. Li (1921), V. M.

Chu (1924), Y. S. Sun (1925), T. F. Yu (1926), and N. S. Wei (1928). Mycologists who were active at the 1930's to 1940's are H. K. Chen, S. C. Teng, C. T. Wei, L. Ling, C. H. Chow, S. H. Ou, S. F. Fang, Y. C. Wang, W. F. Chiu, and others.Some of them dedicated their lifetime to research and teaching in mycology. Prof. F. L. Tai (1893—1973) is one of them, whose representative works were "List of fungi from Jiangsu"(1927), "Notes on Chinese fungi"(1932—1946), *A List of Fungi Hitherto Known from China* (1936, 1937), *Sylloge Fungorum Sinicorum* (1979), *Morphology and Taxonomy of the Fungi* (1987), etc.His paper entitled "A new species of *Uncinula* on *Acer trifidum* Hook.& Arn."was the first new species described by a Chinese mycologist. Prof. S. C. Teng (1902—1970) is also an eminent teacher.He published "Notes on fungi from Nanking" in 1932—1933, "Notes on Chinese fungi" in 1936—1938, *A Contribution to Our Knowledge of the Higher Fungi of China* in 1939, and *Fungi of China* in 1963 and 1996.Work done by the above-mentioned scholars lays a foundation for our current project on *Flora Fungorum Sinicorum*.

In 1973, an important meeting organized by the Chinese Academy of Sciences was held in Guangzhou (Canton) and a decision was made, uniting the related scientists from all over China to initiate the long term project "Fauna, Flora, and Cryptogamic Flora of China".Work on *Flora Fungorum Sinicorum* thus started.Significant progress has been made in development of Chinese mycology since 1978.Many mycological institutions were founded in different areas of the country.The Mycological Society of China was established, the journals *Acta Mycological Sinica* and *Mycosystema* were published as well as local floras of the economically important fungi.A young generation in field of mycology grew up through postgraduate training programs in the graduate schools.The first volume of Chinese Mycoflora on the Erysiphales (edited by R. Y. Zheng & Y. N. Yu, 1987) appeared.Up to now, 14 volumes have been published: Tremellales and Dacrymycetales edited by B. Liu (1992), Polyporaceae by J. D. Zhao (1998), Meliolales Part I (Y. X. Hu, 1996), *Aspergillus* and its related teleomorphs (Z. T. Qi, 1997), Peronosporales (Y. N. Yu, 1998), Sclerotiniaceae and Geoglossaceae (W. Y. Zhuang, 1998), *Pseudocercospora* (X. J. Liu & Y. L. Guo, 1998), Uredinales Part I (Y. C. Wang & J. Y. Zhuang, 1998), Meliolales Part II (Y. X. Hu, 1999), Ustilaginaceae (L. Guo, 2000), Entomophthorales (Z. Z. Li, 2000), and Ganodermataceae (J. D. Zhao & X. Q. Zhang, 2000). We eagerly await the coming volumes and expect the completion of Flora *Fungorum Sinicorum* which will reflect the flourishing of Chinese culture.

Y. N. Yu and W. Y. Zhuang
Institute of Microbiology, CAS, Beijing
September 15, 2002

目 录

序

中国孢子植物志总序

《中国真菌志》序

一、专 论

VI. 褶孔牛肝菌属(迷孔牛肝菌属) **Boletinellus** Murrill

Mycologia 1: 7. 1909.

菌体肉质，不易腐烂。菌盖幼时中凸出，近半圆形，后期平展或微凹；盖表初光滑，后略凹凸不平，有极细而稀疏的绒毛，呈金黄褐色、红褐色、褐黄色，并常具橄榄褐色斑点；盖缘微下卷，菌肉黄色，伤后呈蓝色，肉后期口尝腐霉味，闻之令人不悦。子实层金黄色至土黄色。菌管近柄处明显下延，沿柄向周围呈放射状，射向的管孔壁较长，呈褶片状，管口长方形，环柄向的孔壁窄，为射向的 1/7–10，复孔式，结成迷路状。菌柄棒状，近等粗，中生或微侧生；柄表土黄色、褐黄色，上部微具网络，网脊褐色；柄内实，后期往往被蠕虫蛀成若干腔洞。担子棒状，具 4 枚担孢子。林下真菌，柄基往往有菌核。形成外生菌根或不形成菌根。全球两种，主要见于温带或亚热带，我国 1 种，即属模式种。

属名释义：寄义于牛肝菌属 *Boletus*，ellus 拉丁语：小式语尾，言菌体形较牛肝菌小，柄较细。

属模式种：*Boletinellus merulioides* Murrill(Syn. *Boletinus porosus* Peck)。

VI. 1. 褶孔牛肝菌(迷孔牛肝菌)　图 1：1—6

Boletinellus merulioides Murrill, Mycologia 1: 7. 1909.

—— *Daedalea merulioides* Schwein., Trans. Amer. Phil. Soc. II 4: 160. 1832.

—— *Paxillus porosus* Berk., in Lea, Cat. Plants Cincinnati, Ohio, p. 54. 1839.

—— *Boletus lateralis* Bundy, in Chamberlain, Geology Wisconsin 1: 398. 1883.

—— *Boletinus porosus* Peck, Bull. N. Y. State Mus. 8: 79. 1889.

—— *Gyrodon merulioides* (Schwein.) R. Singer, Rev. Mycol. 3: 172. 1938.

菌盖宽 7~27(30) cm，不规则圆形，初平展，后中部微下凹；橄榄褐、淡褐色，有时呈金黄色、褐黄色、灰黄色(isabella color)；盖表往往有深褐色的斑点，呈环状不规则分散排列，盖表被手指压挤后，也呈现褐色斑点；盖表较干燥，不具黏液，平滑，被短而稀疏的绒毛，毛平行直列。盖缘较薄，微下卷，呈肝片状。菌盖肉厚 40~120 mm，黄色、土黄色，伤后变蓝，闻之有令人不悦的腐霉味，不可食。菌孔单孔型或近复孔型，孔表深金黄色、灰黄色，伤后变绿再转褐；管口牛肝菌型或迷路菌型，以菌柄为中心向外呈半圆状排列，近柄处结成下延连接的鱼网状，但不呈放射的褶片状；管孔径 2~5 mm，不规则形，近放射延长形，管孔间有时互相结联，近盖缘处的菌管其长度远大于盖中央部。菌管髓菌丝双叉分。菌柄中生或偏中生，棒状，5~12 cm 长，0.5~2.5 cm 粗，内实；

常有被蠕虫蛀蚀的残洞或弯曲的空腔；柄表上部有不明显的网络或纵条纹，鹿皮褐色、黄褐色、茶褐色。菌肉黄色、土黄色、荞麦面色。担孢子椭圆形，壁薄而光滑，7.5~10.5×5.8~9 μm。孢顶近圆形，孢尖凸微钝，脐上压不明显。担子短棒形，25×10~10.8 μm，具4枚担子小柄，小柄高 3.5~4.2 μm，侧缘囊状体较少，与孔缘囊状体均为棒状、纺锤状，15~25×8~10 μm。

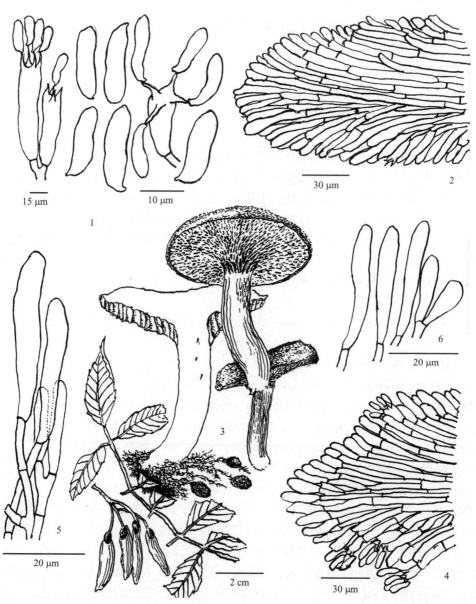

图（Fig.）1：1—6. 褶孔牛肝菌 *Boletinellus merulioides* Murrill, 1. 担子和担孢子 Basidia and basidiospores, 2. 菌管髓 Tubetrama, 3. 担子果 Basidiocarps, 4. 子实层 Hymenium, 5. 侧缘囊状体 Pleurocystidia, 6. 管缘囊状体 Cheilocystidia.（HKSA 23019）。（臧穆 M. Zang 绘）

种名释义：merulioides，言其子实层的形状颇似干朽菌属（迷路菌属）*Merulius*, oides

希腊语：相似之意。

模式产地：北美 Wisconsin 西部，多生于潮湿的针阔混交林下，如云杉属 Picea，白蜡树属 Fraxinus 等的根际。其模式标本曾藏于 BPI (The National Fungus Collections, United States Department of Agriculture, Beltsville, Maryland)，后下落不明 (Both, 1993)。

生境与已知树种组合：多生于白蜡树属植物的根际，代表树种如欧洲白蜡树 Fraxinus excelsior L. (欧洲)、美洲白蜡树 Fraxinus americana L.、狭叶白蜡树 F. baroriana Diels、西藏白蜡树 F. xanthoxyloides (D. Don) D. C.、绒毛白蜡树 F. velutina Torr.、象足白蜡树 F. platypoda Oliv.、新疆白蜡树 F. sofoliana Bunge 以及云杉属等。在生长此菌的根际，有时有小型菌核，径 3~8 mm。外表黑褐色，光滑或有皱纹。

国内研究标本：吉林：长白山自然保护区，多生于绒毛白蜡树 Fraxinus velutina Torr. 林下，邵力平等 (1997, 641)；长白山自然保护区，桦木林，1600 m，近水边，25. VIII. 1990. 王柏 90540 (HKAS 23019)。云南：昆明，金殿，1900m，油杉 Keteleeria evelyniana Mast. 林下，28. IX. 1973. 臧穆 2733 (HKAS)；金殿，林下，1. IX. 1977. 庄璇 2764 (HKAS)；景东，哀牢山，徐家坝，2500 m，象足白蜡树 Fraxinus platypoda Olive 树下，16. VI. 2002. 臧穆 12134 (HKAS 41155)。新疆：阿尔泰山，喀纳斯湖，2000m，云杉 Picea obovata Ledeb. 和新疆白蜡树 Fraxinus sofoliana Bunge 林下，31. VIII. 2004. 臧穆 14300 (HKAS)。

分布：主要见于北美加拿大，美国的 Massachestts, Alabama, Wisconsin 的潮湿森林下。我国多见于东北、华北以及西南的亚高山和高山带，尤以白蜡树林、桦木林和云杉林带的潮湿坡地为最多。

讨论：本属其菌盖具绒毛，而不黏滑，与乳牛肝菌属 Suillus 从外形即可区别；其菌柄不具菌膜和菌环残膜，与假牛肝菌属 Boletinus 相迥异；其与白蜡树属有菌根组合的专化适应，且具有菌核的无性世代，故独立成属是存之以理的。

VII. 小牛肝菌属 (假牛肝菌属) Boletinus Kalchbr

Bot. Zeit. 25: 182. 1867.

菌盖初呈半圆形，后呈平弧形或近平展；盖表微有皱褶，或近光滑；表面具绒毛或鳞片，其下具黏液层，黏液层可连续到盖缘的菌膜，在幼期尤其黏滑湿濡。盖表菌丝分枝有隔，埋藏于胶质层中；盖表色泽钡黄色、红褐色、肉桂色、栗褐色。菌肉乳白色、微黄色、蛋黄色，伤后变淡蓝色、深蓝色。子实层金黄色、乳黄色、褐黄色，伤后变深褐色。菌管口近菌柄处，明显下延，呈褶孔状；近柄周围呈散生放射状；近中部和盖缘处，渐过渡成牛肝菌型 (boletinoid)，即管的长度从菌柄到菌盖缘由长变短，由狭长趋于方圆。部分种其菌管近管口壁表有深褐色斑点。菌柄长棒状，直立或微弯曲的柱状，近等粗，色泽乳黄色，较菌盖为淡。柄上端往往有深褐色，不规则的斑点。菌环明显，或与盖缘相连，后撕裂，残附于菌柄，呈环状。担子棒状，孢子 4 枚。担孢子椭圆形，光滑，透明，微黄，含 1~2 枚油滴。侧缘囊状体和孔缘囊状体呈棒状或狭纺锤状。与下列针叶树有外生菌根组合：松属 Pinus、落叶松属 Larix、云杉属 Picea、铁杉属 Pseudotsuga 等。多见于温带和亚热带高山针叶林下。全球约 14 种，我国 11 种。

属名释义：源于牛肝菌属 *Boletus*, nus 为"小形，类似，假"的语尾。

属模式种：*Boletinus cavipes* (Opat.) Kalchbr. (*Boletus cavipes* Opat.)，该种原发现于欧洲 (1836 年)。未见原模式，后 C. H. Peck 于 1869 年采于 Essex County, North Elba U. S.(为选模式 Lectotype 存 NYS)。

原采集地：北美，North Elba。

小牛肝菌属(假牛肝菌属)分种检索表

1. 菌柄中空，或后期中空。子实层菌孔长度远大于阔度 5 倍以上，呈褶片状；与落叶松属 *Larix* 和其他松柏类有菌根组合；菌丝的锁状联合不甚明显 ·································· 2.

1. 菌柄内实，子实层菌孔长阔差异不太悬殊，不呈褶片状；与松属 *Pinus*、云杉属 *Picea* 有菌根组合；菌丝的锁状联合明显 ··· 3.

  2. 菌盖表层具鳞片状毛，盖表不黏滑；菌柄中空，菌管髓菌丝交织型；与落叶松属有菌根组合 ····· ·································· **VII. 3.　小牛肝菌(假牛肝菌)*Boletinus cavipes***

  2. 菌盖表层具微细绒毛，盖表黏滑；菌柄内实，少空腔；与松属等有菌根组合 ································· ·································· **VII. 4.　类小牛肝菌 *B. cavipoides***

3. 菌盖表常具微细绒毛，黄褐色；多生于湿润的针阔叶树林下 ························· 4.

3. 菌盖表常具粗绒毛，深红色、橘红色；菌管髓层菌丝交织型排列；多生于较干的针叶树林下 ······ 5.

  4. 菌盖表黄褐色、栗褐色、褐黄色，盖中央色深，盖缘淡黄；菌肉黄色，伤后不变色；菌管髓菌丝平行列；多生与泥炭藓属 *Sphagnum* 的高位沼泽松柏类植物间 ································· ·································· **VII. 9.　沼泽小牛肝菌 *B. paluster***

  4. 菌盖表灰褐色、黑褐色；菌肉黄色，伤后变蓝，菌管髓菌丝交织型；生针叶树树干上或倒腐木上 ·· ·································· **VII. 7.　木生小牛肝菌 *B. lignicola***

5. 与铁杉属 *Pseudotsuga*、落叶松属 *Larix*、云杉属 *Picea* 有菌根组合关系；菌柄具膜状的菌环，易脱落 ·································· 6.

5. 与松属 *Pinus* 有菌根组合关系；菌柄表具褐色斑点 ························· 7.

  6. 菌盖初半圆形，后近平展，初有黏滑感；盖表深红色、紫红色、洋红色，有绒毛；菌肉淡黄色，伤后不变色；担孢子 10~14×3~4 μm；生于松属 *Pinus*、落叶松属 *Larix* 林下 ··············· ·································· **VII. 2.　亚洲小牛肝菌 *B. asiaticus***

  6. 菌盖初中凸，后平展，黄褐色、肉桂褐色，表面具细绒毛；菌肉淡黄色，伤后略呈蓝色；担孢子 9.5~11×2.5~3 μm；多生于铁杉属 *Pseudotsuga*、云杉属 *Picea*、油杉属 *Keteleeria* 林下 ········· ·································· **VII. 1.　可爱小牛肝菌 *B. amabilis***

7. 多分布于泥炭沼泽，见于亚热带松林或水松属 *Glyptostrobus* 林下；担孢子近纺锤形，7~11.5×3~4.2 μm，浅黄色 ·································· **VII. 5.　易惑小牛肝菌 *B. decipiens***

7. 多分布于亚高山松林带，尤多在中生山丘地带；担孢子多紫褐色，呈椭圆状柱形 ········· 8.

  8. 菌盖较干燥，具细绒毛或具鳞片，盖紫粉红色、粉红色；菌肉黄色，伤后缓变蓝；菌管内壁上有线点；柄具双层环膜；担孢子 9~15×4~5 μm；多生于落叶松林下的泥炭藓属上 ··············· ·································· **VII. 11.　美观小牛肝菌 *B. spectabilis***

  8. 菌盖黏滑，光而平；菌肉金黄色，伤后速变蓝；生松林下 ························· 9.

9. 菌盖表面被三角形鳞片；菌肉淡黄色，伤后变淡蓝；菌管壁不具线点；菌柄平滑，柄上部具网络；

菌管髓菌丝交织和平行列；担孢子 8~9.5×2.5~3.5 μm，生针叶林下 ··· **VII. 8. 赭色小牛肝菌 *B. ochraceoroseus***

9. 菌盖表面平滑，被短小绒毛，初微黏滑，后干燥，赭褐色、黄褐色；与松属有菌根组合关系 ····· 10.

   10. 菌管壁和菌柄壁外表具深黑色斑点；菌管髓菌丝叉分型；生云南松 *Pinus yunnanensis* Fr.林下 ··· ·· **VII. 6. 昆明小牛肝菌 *B. kunmingensis***

   10. 菌管壁和菌柄外表具褐色斑点；菌管髓菌丝交织至平行列；生华山松 *Pinus armandii* Mast.林下 ··· ··· **VII. 10. 松林小牛肝菌 *B. pinetorum***

Key to species of the genus *Boletinus*

1. Stipe hollow, tube pores comparatively or extremely wide; mycorrhizal, associated with *Larix* or other conifers; clamps constant ··· 2.

1. Stipe solid, tube pores moderately wide to wide; mycorrhizal, associated with *Pinus*, *Picea*, but not with *Larix* ··· 3.

   2. Pileus surface squamose, gelatinizing absent, tube trama hyphae intricate, mycorrhizal, associated with *Larix* ··· **VII. 3 *Boletinus cavipes***

   2. Pileus surface tomentose, gelatinizing present, mycorrhizal, usually associated with *Pinus* ···················· ·· **VII. 4. *B. cavipoides***

3. Pileus surface finelly velutinous, yellowish-brown, in humid broad-leaved and coniferous forest ············ 4.

3. Pileus surface tomentose, scarlet-red to orange-red or golden-yellow, tube trama hyphae intricate, in dryish coniferous forest ··· 5.

   4. Pileus yellowish-brown, chestinut to yellowish-black or golden-yellow, center somewhat darker, pale to yellowish toward the margin. Flesh yellowish, not changing when cut.Tube golden, tube trama hyphae intricate, in dryish coniferous forest. On soil among *Sphagnum* community or in hummock ·················· ··· **VII. 9. *B. paluster***

   4. Pileus gray-brown to blackish-brown. Flesh yellowish, bluish when cut. Tube golden and yellowish, tube trama hyphae divaricate. On trunk of coniferous tree or rotten wood ······················ **VII. 7. *B. lignicola***

5. Mycorrhizal, associated with *Pseudotsuga*, *Larix* or *Picea*. Stipe with a membranous fugacious apical annulus, fragile, easily emarcid ·· 6.

5. Mycorrhizal, associated with *Pinus*. Stipes surface with brownish glandular dots ································· 7.

   6. Pileus hemispherical when young, later plane-pulvinate, slimy-lubricous when moist. Deep red or purple-red, carmine-red with deep purplish tomentose. Flesh pale yellow, unchanging when cut. Basidiospores 10~14×3~4 μm. Under trees of *Picea*, *Larix* ····························· **VII. 2. *B. asiaticus***

   6. Pileus convex when young, later plane, yellowish— brown or cinnamon-brown, surface finely innately fibrillose. Flesh whitish-yellow, shightly blue when cut. Badiospores 9.5~11×2.5~3 μm. Under trees of *Pseudotsuga*, *Picea*, or *Keteleeria evelyniana* ·· **VII. 1. *B. amabilis***

7. Habitant of sphagnose swamps, in subtropical or *Glyptostrobus* forest. Basidiospores subfusoid, 7~11.5×3~4.2 μm ·· **VII. 5. *B. decipiens***

7. Habitant of sub-alpine pine woods and *Larix* forest, often associated with mesophytic hammock. Basidiospores elliptic or fusiform, purplish-brown ··· 8.

8. Pileus dry, surface finely fibrillose to squamulose, purplish-pink or reddish-pink, usually covered with bright reddish tomenta. Flesh yellowish, changing dark blue when cut. Tube-walls thick with glandular dotted. Stipes with duplex veil. Basidiospores 9~15×4~5 μm. Under trees of *Larix*, usually accompanied with *Sphagnum* ·· **VII. 11. *B. spectabilis***

8. Pileus lubricant, smooth. Flesh golden-yellow, changing blue when cut. In pine forest ·························· 9.

9. Pileus covered with pyramidal squamose scales, reddish-brown to dark reddish-brown. Flesh pale yellow, changing pale blue when cut. Tube-walls without glandular dot. Stipes smooth and reticulate in upper part. Tube trama hyphae intricate and parallel in center. Basidiospores 8~9.5×2.5~3.5 μm. In coniferous forest ··· **VII. 8. *B. ochraceoroseus***

9. Pileus surface smooth, finely tomentose, dull when dry, somewhat lubricous when wet. Ocher-brown or yellowish-brown. Associated with pine ··· 10.

10. Tube wall and stipe surface with blackish glandular dot. Tube trama hyphae intricate and divaricate. Under trees of *Pinus yunnanensis* Fr. ··· **VII. 6. *B. kunmingensis***

10. Tube wall and stipe surface with brown glandular dot. Tube trama hyphae intricate and parallel. Under trees of *Pinus armandii* Mast. ··· **VII. 10. *B. pinetorum***

VII. 1. 可爱小牛肝菌（可爱假牛肝菌） 图 2：4—6

Boletinus amabilis (Peck) Snell, in Slipp & Snell, Lloydia **7**: 17. 1944.

—— *Boletus amabilis* Peck, Bull. Torr. Bot. Club **27**: 612. 1900.

—— *Suillus amabilis* (Peck) R. Singer, Mycologia **58**: 159. 1966.

　　菌盖半圆形，径阔 5~7 cm，中央微凸，后期近平展；盖表有鳞片和绒毛，后期脱落，近光滑而不黏；盖表红褐色、砖红色、土红色、棕褐色、鹿皮褐色或肉桂褐色；菌盖边缘伸展。菌盖肉厚 0.5~1.2 cm，淡黄色、黄色，伤后变色不明显，渐变蓝褐色。菌肉生尝微酸。菌管口黄色，近柄处下延，呈长孔状，向周围作不甚规则的放射状。菌柄棒状，有菌环，表色与盖同，有线毛，柄中有空腔。担子棒状，11~22×5~8 μm。担孢子长棒状，9~11×4~4.5 μm。侧缘囊状体和管缘囊状体均为长棒状，35~45×6~8 μm。

　　种名释义：amabilis 拉丁语：可爱的，言菌体色泽喜人。

　　模式产地：美国，Colorado, E. Bartholomew (1889) (NYS)。

　　生境与已知树种组合：多见于针叶林下，我国已知的树种有黄杉 *Pseudotsuga sinensis* Dode、云杉 *Picea asperata* Mast.、油杉 *Keteleeria evelyniana* Mast 等。美洲的记录树种有海岸云杉 *Picea mariana* (Mill.) BSP., 冷杉 *Abies balsamea* (L.) Mill.等。

　　国内研究标本：四川：小金，日隆，3400 m，云杉属 *Picea* 林下，25. VII. 1998. 袁明生 3108 (HKAS 33975)。

　　分布：中国（除以上标本引证外，尚见于吉林长白山和内蒙古大青山）以及北美。

　　讨论：本种很近似乳牛肝菌属 *Suillus*，但菌盖不甚黏滑；也近似拉氏小牛肝菌 *Boletinus lakei* (Murr.) R. Singer，但后者担孢子较短，为 7~8.5×3.5 μm，且菌柄内实。

VII. 2. 亚洲小牛肝菌（亚洲假牛肝菌） 图 2：1—3；彩色图版 I: 1

Boletinus asiaticus R. Singer, Rev. Mycol. **3**: 164. 1938.

菌盖径阔 5~7 cm，初呈圆锥形，金字塔形，后呈半圆形，洋红色、深红色、枣红色、紫红色。有同色的密生鳞片，鳞片不规则三角形，覆瓦状排列，末端平伏或跷起。盖缘初与菌柄相结联，随菌盖张开，盖缘与菌环分离，菌环残裂，菌盖缘膜呈流苏状，保存于盖缘。盖表初微黏，后干燥。菌盖肉厚 1.5~2 cm，金黄色，伤后变蓝。生尝味微酸，但无苦味。菌柄圆柱形，光滑，与盖色同。柄基乳白色。菌管单孔和复孔型，近菌柄处下延，菌管狭长，中部的菌管口阔 2~3 mm，菌管长 3~7 mm，多角形，盖缘菌管小于中部，菌管口金黄色，菌管腔褐色。菌管髓菌丝近交织型。担子长棒形，顶部膨大，24~30×6~8 μm，具 4 小柄。担孢子柱状，近椭圆形，7.5~11×3.3~5 μm，近淡乳黄色。侧生囊状体和管缘囊状体均呈棒状，长纺锤状，25~45×8~10 μm。

种名释义：asiaticus 初见于亚洲的。

模式产地：Tomsker, Transbaikalien, Altai. 2200 m, VII. R. Singer（WU）。

生境与已知树种和植物组合：与其组合者有西伯利亚落叶松 *Larix sibirica* Ledeb.、红杉 *L. potaninii* Batal.、日本落叶松 *Larix kaempferi*（Lambr.）Carr. 和酢浆草属 *Oxalis* 等。

国内研究标本：内蒙古：呼伦贝尔盟额尔古纳左旗，根河，日本落叶松 *Larix kaempferi*（Lambr.）Carr. 林下，30. VII. 1984. 杨文胜（HKAS 23884）；同地，27. VIII. 1990. 杨文胜（HKAS 23885）；根河，落叶松林下，24. VIII. 1990. 杨文胜（223886）。台湾：南投，杉林溪，24. IX. 1981. 陈建名 21（HKAS 28060）。四川：石柱县，马武乡，780 m, 31. X. 1986. 李文虎 45（HKAS 18844）；小金，日隆，3500 m，云杉林，29. VII. 1998. 袁明生 3150（HKAS 33632）。云南：景东县，凤凰山，25. VIII. 1991. 杨祝良 1643（HKAS 23692）；景谷，又朗，1400 m, 20. VIII. 1994. 臧穆 12346（HKAS 28233）；龙陵县，1600 m, 11. IX. 2002. 杨祝良 3562（HKAS 41698）；南涧，无量山，羊圈房，2101m，松属 *Pinus* 林下，7. VIII. 2001. 臧穆 13822（HKAS 38586）。

分布：除我国以上引证地区外，主要尚见于泛北极地区，如西伯利亚、芬兰、北美东北部等。

讨论：该种主要与落叶松有菌根组合关系，在我国也见于松属和云杉属等高山针叶林带。尤多见酸性土坡地。北方多见于内蒙古、黑龙江、长春；南方则限于高山暗针叶林下。

VII. 3. 小牛肝菌（假牛肝菌）　图 2：7—9

Boletinus cavipes（Opatowski）Kalchbrenner, Bot. Zeitschr. **26**: 182. 1867.

—— *Boletus cavipes* Opatowski, Comm. Fam. Bolet. p. 11. 1836.

—— *Suillus cavipes*（Opatowski）Smith & Thiers, Contri. Monogr. N. Amer. Suillus p. 30 pl. 3 ~ 4. 1964.

菌盖宽 60~120 mm，中央初有钝圆顶尖，后期近平展或具脐突。盖表具放射状排列的鳞片和短绒毛，盖中央深褐色，向周围渐呈赭黄色、土黄色或栗黄色；盖表菌丝交织型。盖缘呈淡黄色，薄而反翘呈狭缘膜状，海绵质，初与菌柄相衔接，呈残缺的菌环。菌肉黄色，海绵质，伤后不变色，生尝微清香，有酸味，无恶味。菌管口黄色、橄榄绿色，狭长形，辐射列，近柄处下延，向边缘渐趋小化，管壁间有残齿状突起（jagged），近柄处的菌管口 3~10 mm 长，呈褶片状。菌柄柱状，近等粗，50~80×7~15 mm，上部淡黄色，中部色深，表面具粉质毛状物，乳黄白色；柄基部白色，有簇生的菌丝团块；柄中空，腔细长。担子棒状，23~30×6~8 μm。担孢子椭圆形，透明，淡黄色，7.5~9.6×3.2~4 μm。管缘囊状体与侧缘囊状体几同型，细棒状，55~75×8~10 μm。

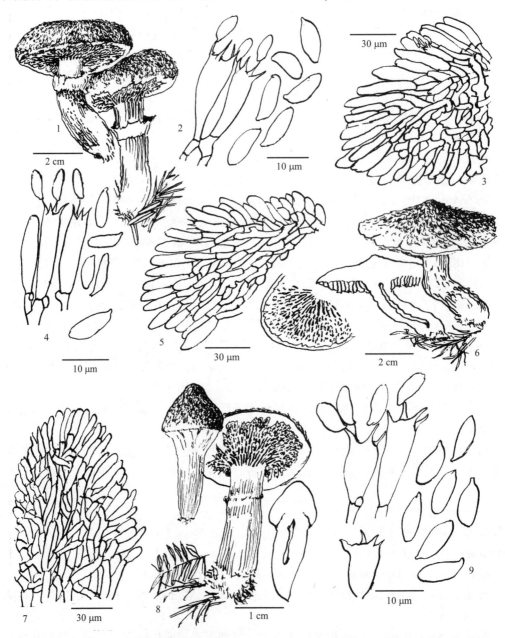

图（Fig.）2：1—3. 亚洲小牛肝菌 Boletinus asiaticus R. Singer, 1. 担子果 Basidiocarps, 2. 担子和担孢子 Basidia and basidiospores, 3. 菌管髓 Tubetrama，示侧缘囊状体 Pleurocystidia 和管缘囊状体 Cheilocystidia；4—6. 可爱小牛肝菌 Boletinus amabilis（Peck）Snell, 4. 担子和担孢子 Basidia and basidiospores, 5. 菌管髓 Tubetrama，示侧缘囊状体 Pleurocystidia 和管缘囊状体 Cheilocystidia, 6. 担子果 Basidiocarps；7—9. 小牛肝菌 Boletinus cavipes（Opatowski）Kalchbrenner, 7. 菌管髓 Tubetrama, 8. 担子果 Basidiocarps, 9. 担子和担孢子 Basidia and basidiospores。（臧穆 M. Zang 绘）

种名释义：cavus 拉丁文：空穴，pes = ped，足，言菌柄有空腔。

模式产地：原模式产地是欧洲，在北美，Peck（1873）初定名为 *Boletus ampliporus* Peck 现存 NY。

生境与已知树种组合：多生于落叶松属 *Larix* 和云杉属 *Picea* 的林下，以酸性钙质土为甚。

国内研究标本：吉林：长白山，邵力平 1997（Shao, 1997. P. 276. 458 条）。福建：三明，12. IX.1984. 胡美容 100（HKAS 18824）。广东：肇庆，鼎湖山，600 m，V. 1981. 毕志树，郑国扬 5679（HMIGD）。陕西：汉中，IX. 1991. 卯晓岚 3985（HMAS 61680 [S]）。四川：康定，六巴，2100 m，2. VIII. 1984. 袁明生 449（HKAS 19968）；卧龙，7. VIII. 1984. 苏京军，文华安 1481（HMAS 49917 [S]）。云南：香格里拉，红山，3100 m，大果落叶松 *Larix potaninii* var. *macrocarpa* Law.林下 25. VIII. 1989. 毕国昌 909（HKAS 909）。西藏：吉隆，针叶林下，5. IX. 1990. 庄剑云 3712（HMAS 60451 [S]）。

分布：中国除以上标本引证外，尚见于黑龙江，吉林，内蒙古，山西，广东，青海，西藏，新疆（邵力平等，1997）。

讨论：本种是一个泛北极种，主要分布于欧洲，亚洲和北美洲，也可见于南亚和非洲高山，已知与云杉和落叶松有菌根组合关系，其菌柄中空形成较狭长的空腔，与圆孔牛肝菌属 *Gyrodon* 不同，其近柄表的肉体较厚；菌管残齿状突起，近于从单孔向复孔的过渡型；管壁表光滑，未见线状体。

VII. 4. 类小牛肝菌（类假牛肝菌）　图 3：1—4

Boletinus cavipoides Z. S. Bi et G. Y. Zheng, Acta Botanica Yunnanica **4**（**1**）：58. 1982.

菌盖宽 2~8 cm，扁半球形，顶部无锥突，后期平展。盖表初有黏液，表面具白色绒毛，盖缘波状；盖表黄褐色、赭黄色、暗红黄色。菌管和盖缘间，初具一条褐色线条。菌肉鹅乳白色，伤后不变色，遇 KOH 溶液呈茶褐色。菌肉生闻有菌香气味，生尝无异味，平淡。菌管孔表面黄色，伤后不变色。菌管长 2~4 mm，菌管孔 3~5×1~1.5 mm，近菌柄处呈微陷而延生。菌孔不规则多角形，呈放射状排列，孔径 0.4~2 mm。菌管髓菌丝平行列。菌柄偏生至中生，圆柱形，0.35~0.4×0.7~1 cm，与菌盖同色，上部近黄色、乳黄色。柄表上部有绒毛，下部光滑。柄基菌丝白色。柄初实心，后中央变空，空腔狭长，由细变阔。担子柱形，15~20×5~7 μm，顶部略膨大，无色，2~4 枚担孢子。担孢子椭圆形，7~10×3~3.5 μm，光滑，无色至近淡黄色。侧生囊状体棒状，28~40×5~7 μm，管缘囊状体 35~60×6~8 μm。未见锁状联合。

模式产地：中国广东。

生境与已知树种组合：多生于阔叶林下，似以鳞苞栲 *Castanopsis uraiana*（Hay.）Hayata 为主要树种。

国内研究标本：广东：肇庆市鼎湖山，8. IX. 1980. 毕志树 737（HMIGD 4737）；同地，26. III. 1984. 杨少军 239（HMIGD）。

分布：现仅记录于广东、福建。

讨论：该菌已知与阔叶树有菌根组合关系。其与小牛肝菌 *Boletinus*

cavipes（Opat.）Kalchbr.的不同点是：后者与落叶松有菌根组合关系，且见于北方或南方的高山带；本种分布仅限于我国东南沿海地区，且本种菌盖无锥状突起，初圆形，后平展。

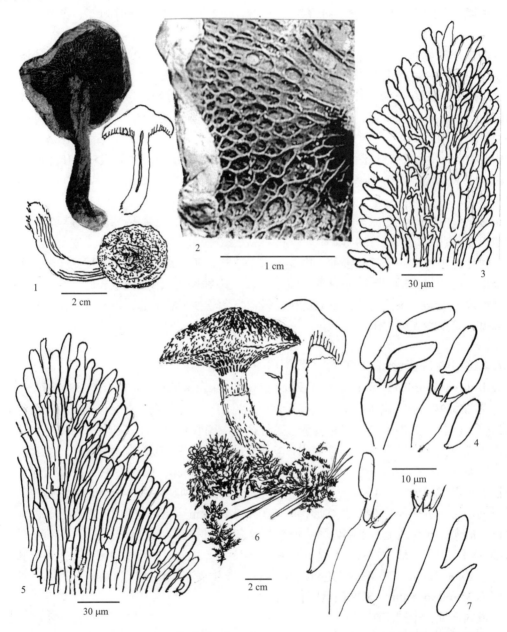

图（Fig.）3：1—4. 类小牛肝菌 *Boletinus cavipoides* Z. S. Bi et G. Y. Zheng, 1. 担子果 Basidiocarps, 2. 子实层的菌孔 Pores of hymenium [from Z. S. Bi et Z. Y. Zheng. 4819 Typus（HMTGD）], 3. 菌管髓 Tubetrama，示侧缘囊状体 Pleurocystidia 和管缘囊状体 Cheilocystidia, 4. 担子和担孢子 Basidia and basidiospores；5—7. 易惑小牛肝菌 *Boletinus decipiens*（Berk. et m.A. Curtis）Peck, 5. 菌管髓和部分子实层 Tubetrama and a part of hymenium, 6. 担子果 Basidiocarps, 7. 担子和担孢子 Basidia and basidiospores。（臧穆 M. Zang 绘）

VII 5. 易惑小牛肝菌　图3：5—7

Boletinus decipiens (Berk. et M. A. Curtis) Peck, Bull.N.Y. State Museum **2**(8)：78. 1889.

—— *Boletus decipiens* Berk. et M. A. Curtis, Ann. Mag. Nat. Hist. ser. **2**(12)：430.1853. non
　　Schrader, Spic. Fl. Germ. p. 169. 1794.

—— Renamed *Boletinus berkeleyi* Murrill, Mycologia **1**: 6. 1901.

　　菌盖直径 8~12 cm，圆形中凸，盖表有丝状绒毛，表面干燥，中央有小鳞片。鳞片呈覆瓦状排列，淡黄色，微白色，近三角形，有裂口，或近全缘；鳞片边缘近透明无色。盖中央褐黄色、赭褐色、橘黄紫色，渐向盖缘，色泽渐淡；盖缘淡黄色，近乳白色。菌肉黄色、粉褐色、紫褐色，伤后变色不明显，微成蓝褐色；闻之有菌香气，尝之微酸。菌管复孔型，近柄处下延；菌管狭长，管壁有残齿状突起；边缘菌管多角形，管口金黄色，管腔壁深黄色、褐色；菌管孔辐射状排列；菌管髓菌丝双叉分。菌柄 3~6×0.5~1 cm，近等粗，或基部微粗；基部菌丝乳白色；上部光滑或有不甚明显的网状络纹突起。肉粉桂色、黄褐色、肉桂褐色，有时呈肉桂色。早期柄上部有菌环，淡紫色，呈丝膜状撕裂。菌肉生尝微甜，闻之无异味。担子长棒状，24~30×6~8.5 μm。担孢子近纺锤形，7~10.5×3~4.2 μm，淡褐色，两侧近对称。侧缘囊状体近纺锤状，15~50×13~15 μm。

　　种名释义：decipiens 拉丁文：欺骗的，易惑的，言菌体色泽变异较大，易混淆。

　　模式产地：美国，Carolina, Ravenel 1312(K) (D. N. Pegler & T. W. K. Young, 1981) 原模式存 FH。

　　生境与已知树种组合：主要见于松林和松栎混交林下。美洲的松属如 *Pinus palustris* Mill.、*P. caribea* Morelet、*P. taeda* L.等种，我国的松属如 *Pinus yunnanensis* Fr.、*Pinus densiflora* Sieb. et Zucc.、*P. henryi* Mast.等种，以及水松 *Glyptostrobus pensilis* Koch.林下。

　　国内研究标本：海南：乐东县，尖峰岭，11.VIII. 1983.弓明欣 835083；同地，弓明钦 835084(HKAS 22416)。西藏：亚东，林下，7. VIII. 1975. 宗毓臣 81(HMAS 38252 [S])。

　　分布：尚记录于云南地区（邵力平等，1997）。

　　讨论：本种是三针松树种的菌根菌，也见于水松生长的湿地和泥炭沼泽地。云南至西藏邦果一线的河谷松林的低凹处，有此分布。其菌盖色泽的深浅，似与阳光的强弱有关，光照强，色则深；光弱，色泽则淡。

VII. 6. 昆明小牛肝菌　图4：1—4

Boletinus kunmingensis W. F. Chiu, Mycologia **40**(2)：199. 1948.

　　裘维蕃. 1957. 云南牛肝菌图志. 6 (图 Fig. 3: 4~6).

　　菌盖直径 3~6 cm，初呈半圆形，渐呈平弧形，后期中部凹陷；幼期钡黄色，后呈黄褐色、淡土黄色、土红褐色。盖表平滑，有黏滑感；菌盖缘平整或有微波纹。菌管层黄色、金黄色、褐黄色、松花粉色、杏黄色;近柄处菌管下延，管口狭长，3~5×1~1.5 mm。管长 3~4 mm；与菌柄呈放射状排列。子实层中部到盖缘的菌孔，渐由狭长形过渡到圆多角形。菌管的内壁表面，由淡黄或淡褐色的菌丝排列交织呈金字塔形或不规则状的突起，外观呈淡褐色斑点状。菌盖缘不呈膜状延伸。菌肉淡黄色，伤后不变色，有菌香气，生尝微酸。菌孔单孔型。菌管髓平行列和微双叉分。菌柄中生，近等粗，基部不变细，基部菌丝淡黄色。柄内实，后或微有间断的空腔。菌柄表淡黄色，中上部有黄褐色斑点，其构造与菌管壁上的腺体相似。担子长棒状，顶部阔，15~20×6~7 μm。担孢子椭圆形，9~12×4~6 μm。侧缘囊状体纺锤形棒状，35~40×6~10 μm。孔缘囊状体35~45×7~10 μm。

种名释义：Kunmingensis 首采于昆明的。

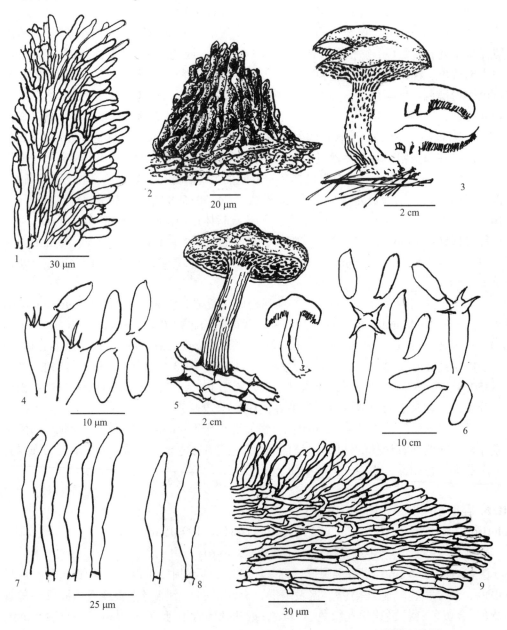

图(Fig.) 4：1—4. 昆明小牛肝菌 *Boletinus kunmingensis* W. F. Chiu, 1. 部分子实层 A part of hymenium, 2. 腺体 Glandular dot, 3. 担子果 Basidiocarps, 4. 担子和担孢子 Basidia and basidiospores；5—9. 木生小牛肝菌 *Boletinus lignicola* M. Zang, 5. 担子果 Basidiocarps, 6. 担子和担孢子 Basidia and basidiospores, 7. 侧缘囊状体 Pleurocystidia, 8. 管缘囊状体 Cheilocystidia, 9. 菌管髓和部分子实层 Tubetrama and a part of hymenium。（据 HKAS 5408 Typus）。（臧穆 M. Zang 绘）

模式产地：昆明，西山，铁峰庵，12. XI. 1941. 裴维蕃 7695（HMAS 03695 [S]）。

生境与已知树种组合：多生于云南松 *Pinus yunnanensis* Fr.、油杉 *Keteleeria evelyniana* Mast.、思茅松 *Pinus kesiya* var. *langbianensis*（A. Chev.）Gaussen 树下。

国内研究标本：云南：昆明，西山，铁峰庵，12. XI. 1941. 裴维蕃 7695（HMAS 03695 [S]）；昆明，黑龙潭，云南松林下，20. VII. 1974. 臧穆 902（HKAS 902）；昆明，西山，9. X. 1958. 蒋伯宁 43（HMAS 29579 [S]）；西双版纳，勐仑，曼岗，14. IX. 1974. 臧穆 1493（HKAS 1493）。

分布：本种为我国特有种，仅见于滇中高原和西藏的察隅，以及澜沧江、怒江低处河谷的松林带。

讨论：这是适于印度洋暖流与三针类松树有菌根组合的一个菌种。其褐色的腺体，见于管壁和柄壁，是本菌的特征。

VII. 7. 木生小牛肝菌　图 4：5—9

Boletinus lignicola M. Zang, Acta Microbiologica Sinica **20**（1）：29. 1980.

—— Non *Boletus lignicola* Kallenbach, Pilze Mitteleur.**1**：57. 1929.

菌盖宽 4~7 cm，中央凸，后呈垫状而平展，干而不黏，密覆微细绒毛，后期盖表多呈微形破裂；幼时有胶质层，菌丝交织型；初期赭褐色，盖缘近栗褐色，后浅黄褐色、肉桂色。盖部菌肉厚 4~12 mm，白色、微黄色，伤后变淡蓝色，无特殊气味，生尝微酸，后转苦。子实层金黄色，后期呈橄榄绿色、褐色。菌管口阔 0.2~1×3~7 mm，辐射状排列，菌管顺菌柄下延。子实层中部菌管口阔 0.2~0.8×1.2~2 mm。菌柄长 2.5~5 cm，粗 1~1.5 cm，圆柱形，等粗或上部渐细，柄上部黄褐色、金黄色，基部褐色，表光滑。基部菌丝淡黄色。环带早落。担子短棒状，20~26×5~8 μm。担孢子椭圆形，微黄色，12~15×5~6.2 μm。侧缘囊状体与管缘囊状体均呈棒状，10~14×25~30 μm。

种名释义：ligni 拉丁文：木生，cola 喜爱，言其多生在树干上。

模式产地：西藏：米林县，巴嘎，28. VII. 1975. 臧穆 408（HKAS 5408）。

生境与已知树种：生于高山松 *Pinus densata* Mast.的树干上。

国内研究标本：西藏：米林县，巴嘎，28. VII. 1975. 臧穆 408（HKAS 5408）。

分布：该菌主要见于印度洋暖流侵袭的河谷松林带，多生于树干上，除西藏外，新疆和云南以及南亚高山可能有分布。

讨论：这种树干生牛肝菌，是适应空气潮湿度大的环境中的较干的小气候基质，一般在离地表 1~2 m 的小环境的树干上发现。雨季尤多。

VII. 8. 赭色小牛肝菌　图 5：1—3

Boletinus ochraceoroseus Snell, in Snell & Dick, Mycologia **33**: 35. 1941.

—— *Fuscoboletinus ochraceoroseus*（Snell）Pomerleau & Smith, Brittonia **14**: 157. Pl. 105. 1962.

—— *Suillus ochraceoroseus*（Snell）R. Singer, Persoonia **7**（2）：319.1973.

菌盖阔 8~20 cm，具绒毛。盖表赭红色、粉红色、近褐红色、月季红色、砖红褐色；菌盖缘有流苏状缘膜，不规则撕裂，近无色。绒毛短，近褐红色。鳞片较小，稀少，色泽较深，暗红色。盖缘近黄色。菌盖肉厚 1.5~2 cm，淡黄色，伤后不变色或渐变蓝。菌肉生闻有令人不愉快的气味，口尝由酸转苦。子实层黄色、褐黄色，后呈橄榄褐色。菌管孔近柄处狭长形，下延；中部和近盖缘处，近圆形和多角形；管深 3~6 mm。菌柄较短，1~3×1~1.2 cm，近等粗；或基部较细；表面粉红色，柄基白色，近等粗；柄上部有网络或光滑，有易落的菌环。担子棒状，12~20×5~7 μm。担孢子近柱状，7~10×2.5~3.5 μm，紫褐色。管缘囊状体和侧缘囊状体，均呈狭纺锤形，30~40×5~8 μm。

种名释义：ochraceo 拉丁文：赭色的，roseus 玫瑰色，形容菌盖的色泽。

模式产地：美国，Idaho, C. Smith（FH）等模式，G. P. & R. P. Rossbach, Bolete Herbarium of W. H. Snell, no. 893（BPI）。

生境与已知树种组合：多生于落叶松类如 *Larix larcina* Koch, *L. occidentalis* L., *L. potaninii* Batal.等林下。

国内研究标本：吉林：抚松，松江河，20. VIII. 2000. 袁明生 4732（HKAS 37292）。内蒙古：乌兰浩特，白狼乡，1400 m, 26. VIII. 2000.袁明生 4760（HKAS 37235）；呼伦贝尔盟阿龙山，17. VIII. 1986. 杨文胜 101（HKAS 23896），102（HKAS 23897）。甘肃：卓尼，洮河林下，17.VII.1975.尹祚栋 770（甘肃林业厅标本馆）。台湾：台东县，向阳，14. VII. 2001. 陈建名 2935（HKAS 38769）；台中，大雪山，27. VI. 2001. 陈建名 2884（HKAS 38778）。广西：金秀，大瑶山，1000 m, 23. VII. 1999. 袁明生 4104（HKAS 34652）。贵州：江口县，梵净山，黑湾河，700 m, 8. VII. 1988. 臧穆 11481（HKAS 20857）。云南：南涧，宝华山，2154 m, 云南松林下，13. VIII. 2001. 臧穆 13805（HKAS 38544）；腾冲，大塘，5. X. 2002.王汉臣 202（HKAS 41244）；路南，石林，松林下，11. X. 1965. 臧穆 12674（HKAS 29644）；普洱，思茅，菜阳河，1600 m, 19. VI. 2000. 臧穆 13384（HKAS 36142）；普洱，思茅，菜阳河，荔枝园，1400 m, 22. VI. 2000. 臧穆 13464（HKAS 36003）；绿春，那伯依迈山，1886 m, 24. IX. 1973. 臧穆 141（HKAS 141）。

分布：中国（见以上引证标本）；此外主要见于北美和东亚，泰国等地。

讨论：该菌已知主要与落叶松有菌根组合关系。我国四川等高山区待发现。

VII. 9. 沼泽小牛肝菌　图11：1—4

Boletinus paluster（Peck）Peck, Bull. New York State Mus. **8**: 78. 1889.

—— *Boletus paluster* Peck, Ann. Rept. N. Y. State Cab. **23**: 132. 1872.

—— *Boletinellus paluster*（Peck）Murrill, Mycologia **1**: 8. 1909.

—— *Fucoboletinus paluster*（Peck）Pomerleau, Mycologia **56**: 708. pl. 104. 1964.

菌盖半圆形，中央有乳头状突起，周围平展而下卷，盖径阔 2~7 cm，盖表干燥，表面有鳞片和毛绒，平伏着生；鳞片呈覆瓦状排列，中央密集，盖缘稀疏；盖表柠檬黄色、玫瑰红色、粉红色，绒毛密集处，则色淡。菌肉淡黄色，伤后变蓝，生尝微酸，嚼后变苦。菌管近柄处下延，长 5 mm 上下，牛肝菌型（boletinoid），初稻秆黄色，后橄榄褐色、深褐色，但不呈黑褐色。管口长多角形，2~5×1~2 mm，放射型，近柄处近褶片状，复孔型，即菌管内壁有不规则片状突起，但不呈大管中包有小管。菌管髓菌丝交织型，新鲜时，菌丝内多有红色素。菌柄近等粗，棒状，基部多膨大，3~5×1~1.5 cm，内实，柄表与盖近同色，上部有红色网络，柄基褐色。有菌膜残留于中上部，淡黄色，初与盖缘间断相连，后脱落。担子狭棒状，2.8~3.4×4.5~5.5 μm，担孢子 7.5~9.5×3~3.2 μm，光滑，透明，不呈褐黑色，近柱状，不甚对称。侧缘囊状体柱状、纺锤状，柱状顶端尖或钝，46~58×6~8 μm。管缘囊状体 35~40×6~8 μm。侧缘和管缘囊状体多簇生。

  种名释义：paluster 拉丁文：沼泽生的，言该菌喜潮湿，多生于沼泽地。

  模式产地：北美：New York, North Elba. IX. 1869. C. H. Peck（NYS）。

  生境与已知树种组合：北美见于北美落叶松 *Larix laricina*（Du Roi）K. Koch.、北美冷杉 *Abies fraseri*（Pursh）Poir.林下；我国见于下列树种：中国落叶松 *Larix chinensis* Beissu、四川落叶松 *Larix potaninii* Batal.、西藏落叶松 *Larix himalaica* Cheng et L. K. Fu. 林下；在我国还见于羽枝泥炭藓 *Sphagnum plumulosum* Roell.及泥炭藓 *Sphagnum palustre* L.等形成的沼泽地上。

  国内研究标本：湖南：张家界，天子山，针叶林下，700 m, 16. X. 1991. 熊清（HKAS 2260）。贵州：江口县，黑湾河，杉木 *Cunninghamia lanceolata*（Lamb.）Hook.林下，750 m, 2. VII. 1988. 杨祝良 79（HKAS 20716）。云南：西双版纳，勐仑，水电站后山，石栎 *Lithocarpus* 林下，11. IX. 1974. 臧穆 1423（HKAS 1423）；绿春，那伯依迈山，24. IX. 1973. 臧穆 140（HKAS 140）。西藏：亚东，阿桑桥，针阔混交林下，2700 m，生于泥炭藓等（*Sphagnum palustre* L.和 *Sphagnum pseudocmbifolium*（C. Muell.）A. Eddy.）丛中，3. VI. 1975. 臧穆 58（HKAS 58）。

  分布：见于北美，欧洲，中国的北方、西南和江南高山带。以针叶林和泥炭藓沼泽地带为主。尤多见于半浸水的倒腐木上。

  讨论：本种子实层呈稻草黄色，极少能够呈黄褐色，据 Pomerleau 和 Smith（1962）建立的褐孔小牛肝菌属 *Fuscoboletinus* 时，指出其担孢子的颜色是红色到酒红色、褐色到紫褐色，子实层呈黑褐色。但本种标本其菌管口为稻草黄色，担孢子色淡，故置于 *Boletinus* 属为宜。

VII. 10. 松林小牛肝菌   图 5：4—6

Boletinus pinetorum（W. F. Chiu）S. C. Teng，中国的真菌 （Chung-Kuo Di Zhen Jun）. p.
  759. 1963. Teng, Fungi of China. Edited by Richard. P. Korf. p. 402. 1996.

—— *Boletinus punctatipes* var. *pinetorum* W. F. Chiu, Mycologia **40**（**2**）：200.1948.

—— *Boletinus fuscos-punctipes* W. F. Chiu, nomen nudum.

  菌盖直径 4~9 cm，初期中央有丘状隆起，后呈广弧形至平头形；表面光滑，湿润时黏滑，干燥时，涩而平。盖缘微与菌管结联，菌缘薄，平展或微下延。菌盖褐黄色、稻谷鹅黄色，幼时金黄色，老后棕褐色。菌管淡镉黄色、黄色、暗黄色。管壁色泽深于管口，管孔近柄处狭长而下延，3~4×1~2 mm，复孔式，作辐射状排列。管长 3~8 mm。菌管壁表面有分散排列的腺点，菌丝粗而弯曲，不规则突起，深褐色、褐黑色。菌盖肉厚 1.5~2.2 cm，淡黄色，伤后变蓝色、绿色。菌肉有牛肝菌香气，生尝味微酸。菌柄呈棒状，上部近等粗，柄基往往变细。基部菌丝黄色。柄表黄色，光滑，多具纵向条纹；柄内实。担子棒状，近椭圆形，14~16×5~7 μm。担孢子椭圆形，近纺锤形，7~13×3~4 μm，淡黄色。侧缘囊状体棒状，30~40×8~10 μm。管缘囊状体 35~45×8~10 μm。

种名释义：pine 拉丁文：松树，言此菌多见于松林下。

模式产地：云南：昆明，大吉普，松林下，24. VIII. 1940. 戴芳澜 7888（HMAS 3888 [S]）。

生境与已知树种组合：主要生于云南松 Pinus yunnanensis Fr.或其他三针松林下。

国内研究标本：吉林：安图，11. VIII. 1960. 杨玉传 694（HMAS 29178 [M]）。甘肃：舟曲沙滩林场，2800 m，松林下，19. IX. 1998. 袁明生 3840（HKAS 33519）。安徽：黄山，28. IX. 1982. Wen Ju-fang（HMAS 44012 [S]）。福建：邵武，18. XI. 1957. 蒋伯宁 3（HMAS 23853 [S]）。湖南：莽山，松林下，27. IX. 1981. 陈庆涛 16（HMAS 42728 [M]）。海南：乐东县，尖峰岭，天池，5. VIII. 1983. 弓明钦 831020（HKAS 22438）。四川：稻城，桑堆，3900 m，2. VIII. 1984. 袁明生 449（HKAS 18955）；米易，22. VII. 1986. 袁明生 355（HKAS 19913）；木里，3850 m，7. IX. 1983. 陈可可 1086（HKAS 13127）；木里，唐央，3800 m，11. IX. 1983. 陈可可 1036（HKAS 13135）。贵州：梵净山，VII. 1893. 吴兴亮（HKAS 14492）；佛顶山，VIII. 1983. 吴兴亮（HKAS 14514）。云南：思茅（普洱）1300 m，10. IX. 1986. 陈可可 81（HKAS 17666）；景谷，碧安乡南宫，21. VIII. 1991. 宋刚 378（HKAS 23719）；昆明，大普吉，松林下，24. VII. 1940. 戴芳澜74, 7888（HMAS 3888 [S]）。

分布：在我国的松林下多有分布，其变异和分化相当丰富。

讨论：在研究该类群的标本时，在 HMAS 标本中，有一为 戴芳澜先生于1940年采于昆明大普吉的松林下，由裴维蕃先生当年命名为 Boletinus fusco-punctipes Chiu.，但未见拉丁文描述，且未见发表。经镜检，鉴其孢子和囊状体的特征，与松林小牛肝菌无异，是为裸名，故作为本种异名处理。

VII. 11. 美观小牛肝菌　图5：7—9

Boletinus spectabilis（Peck）Murrill，Mycologia **1**: 6. 1909.

—— *Boletus spectabilis* Peck, Ann. Rep. N. Y. State Cab. **23**: 128. Pl. 6. 1872.

—— *Fuscoboletinus spectabilis*（Peck）Pomerleau et Smith, Brittonia **14**: 161. 1962.

菌盖阔 4~10 cm，初期半圆形，后期近平展，中央具突起的尖顶，盖缘有延伸的膜，完整或撕裂。盖表黏滑，后期干燥。盖中央有鳞片，表面粗糙，鳞片紫灰色、红褐色，有时呈残缺的补丁状疤痕。盖表紫红色、橘红色，中央有时褐红色、肉黄色，伤后变粉红，很快转茶褐色。生闻有刺激辛酸味，口尝微辣转酸。子实暗黄色，后期茶褐色。菌孔壁有腺体。孔口有时呈紫红色，放射着生，近柄处孔口狭长，6~10×4~5 mm。管深6~12 mm。菌柄近等粗，棒状，4~10×1~2 cm，内实或有小孔洞；上部初有菌环，黏，紫褐色。柄表红褐色，具紫灰色纤毛；菌柄基部近土黄色。担子棒状，10~15×3~5 μm。担孢子椭圆形，9~15×4~6.5 μm，紫褐色。侧缘囊状体近长纺锤状，30~40×5~7 μm。管缘囊状体 35~42×5~7 μm。

种名释义：spectabilis 拉丁文：可见的，醒目的，言菌体色泽明艳。

模式产地：美国：New York, North Elba, VIII 1869. C. H. Peck（NYS）。

生境与已知树种：北美有记录的树种是落叶松 Larix laricina 以及泥炭藓 Sphagnum，我国的落叶松的记录是 *Larix kaempferi*（Lamb.）Carr.、*Larix potaninii* Batel. 和杨树 *Betula*。

国内研究标本：福建：江涌，戴云山，1800 m，8. VIII. 1980. 徐碧玉 65（山明食品研究所，真菌室）。四川：小金，四姑娘山，3200 m，*Larix potaninii* Batel.林下，4. VIII.

1969. 王云璋 44（四川省林业科学院标本室）。

图(Fig.) 5：1—3. 赭色小牛肝菌 *Boletinus ochraceoroseus* Snell, 1. 担子果 Basidiocarps, 2. 菌管髓和部分子实层 Tubetrama and a part of hymenium, 3. 担子和担孢子 Basidia and basidiospores；4—6. 松林小牛肝菌 *Boletinus pinetorun*（W. F. Chiu）S. C. Teng, 4. 腺体 Glandular dot, 5. 担子果 Basidiocarps, 6. 菌管髓和部分子实层 Tubetrama and a part of hymenium；7—9. 美观小牛肝菌 *Boletinus spectabilis*（Peck）Murrill, 7. 菌管髓和部分子实层 Tubetrama and a part of hymenium, 8. 腺体 Glandular dots, 9. 担子果 Basidiocarps。（臧穆 M. Zang 绘）

分布：这是一个在北美和东亚间断分布的种，在新疆的阿尔泰山有分布，未见标本。
讨论：本菌与落叶松有菌根组合关系，在某些引种的苗木中，可能带有菌种，这对树种成活有利，但也可能带来有害菌种，故要从慎。本菌幼时，菌环双层，故 R. Singer 曾在本属下，另立美观组 sect. *Spectabiles* R. Singer, Rev. Mycol. **3**: 157. 1938，并记录和落叶松有菌根组合关系。另有一名称：*Suillus spectabilis* (Peck) Kuntze，未见其原标本，仅以存疑种处理之。

VIII. 褐孔小牛肝菌属 Fuscoboletinus Pomerleau & A. H. Smith

Brittonia **14**：156. 1962.

菌盖半圆形，后开展。盖表初黏滑，后期干燥，多具纤毛或小鳞片；盖表米黄色、黄褐色、红褐色、褐黑色；盖缘多残留膜状残片。菌肉淡黄色，伤后不变色或变蓝色。菌管近柄处延生，管口近柄处呈狭长条形，远离柄处渐呈多角长圆形，复孔型，管口初近土黄色，中后期呈褐色、栗褐色、深黑褐色，呈辐射状排列。管口长多角形，2~6×1~2 mm。管髓菌丝交织型，平行列，叉分列均有。菌柄圆柱形，基部略膨大，有菌环，早落。菌环以上，往往有不甚明显的网纹。柄表色泽较盖表略淡，柄基部菌丝微褐色，柄表有绒毛或光滑。担子棒状。担孢子长圆形，两侧不对称，侧面呈舟船形，初期孢外有透明的鞘。孢子印酒红色、酒褐色、紫褐色、灰褐色，其色泽较乳牛肝菌属 *Suillus* 深。侧缘囊状体和管缘囊状体圆锥状或纺锤状，多簇生，偶疏生。多生于针叶树和阔叶树林下。见于温带、亚热带。外生菌根菌。全球约 8 种，我国现知4 种。

属名释义：fusco 拉丁文：棕色的，*Boletinus* 小牛肝菌属，言管孔壁棕黑色。

属模式种：*Fuscoboletinus sinuspaulianus* Pomerleau et A.H. Smith，原采于加拿大，Quebec, Baie Saint Paule. 4. X. 1959. A. H. Smith, 61747（MICH, QFB）。

褐孔小牛肝菌属分种检索表

1. 菌盖湿滑而黏，盖表烟灰色、木褐色；菌肉色淡，乳白色，伤后变蓝 ······················· VIII. 1.变绿褐孔小牛肝菌 *Fuscoboletinus aeruginascens*
1. 菌盖微黏滑，后期干燥；菌肉黄色，伤后变色不明显或不变色 ······················· 2.
  2. 菌盖表层呈巧克力褐色，具黏质 ··············· VIII. 4. 迟生褐孔小牛肝菌 *F. serotinus*
  2. 菌盖表层色淡，不呈深褐色，近干燥 ·· 3.
3. 菌盖色淡，橄榄色、橄榄灰色；盖表有纤毛或鳞片 ·········· VIII. 3. 淡褐孔小牛肝菌 *F. grisellus*
3. 菌盖赭褐色、土褐色，幼时呈红色；盖表有网状纹饰 ·································· VIII. 2. 黏柄褐孔小牛肝菌 *F. glandulosus*

Key to species of the genus *Fuscoboletinus*

1. Pileus slimy to viscid, context pallid but soon greenish-blue when bruised or cut, pileus usually-smoky gray to wood-brown ··························· VIII. 1. *Fuscoboletinus aeruginascens*
1. Pileus slightly viscid to almost dry, context yellowish, unchanging when cut ··························· 2.
  2. Pileus coated with chocolate-colored slime ··························· VIII. 4. *F. serotinus*

2. Pileus usually with pale or not darkish-colored, surface, almost dry ······················ 3.

3. Pileus usually pale, olivaceous to olive-gray, surface fibrillose ···················· **VIII. 3. *F. grisellus***

3. leus usually terreous or reddish when young, surface reticulate ···················· **VIII. 2. *F. glandulosus***

VIII. 1. 变绿褐孔小牛肝菌　图6：1—5

Fuscoboletinus aeruginascens (Secr.) Pomerleau et A. H. Smith. Brittonia **14**: 168. 1962.

—— *Boletus aeruginascens* Secr., Mycogr. Swisse **3**: 6. 1833.

—— *Boletus elbensis* Peck, Ann. Rept. N. Y. State Cab. **23**: 129. 1872.

—— *Ixocomus viscidus* (Fr.) Quélet, Fl. Myc. Fr. p. 416. 1888.

—— *Boletus solidipes* Peck, N. Y. State Mus. Bull. **167**: 38. 1912.

—— *Suillus aeruginascens* (Secr.) Snell, Lloydia **7**: 25. 1944.

　　菌盖初期为半圆形，后期中央渐凸呈乳头状，周围平展，盖缘微下卷；有缘膜残存，阔 1~2 mm。盖表黏滑，有散生绒毛和鳞片，平滑，烟灰褐色、褐红色；干时有不规则裂纹，后期多具绿色、灰色、深褐色晕斑。菌肉白色、乳白色，伤后变绿色、蓝绿色、铜锈色；生尝微酸后转甜，闻之无异味。菌管贴生，微延生，5~10 mm 长；管口褐色、灰褐色、烟灰色，伤后变蓝至橄榄褐色。管口圆形、多角形，2.5~3×0.5 mm，放射状，复孔型，往往诸多小孔被压成单列放射状排列。菌管髓菌丝平行列，有中心束。菌柄棒状，3~10×1.5~2 cm，中上部近等粗，基部膨大；柄表上部有网纹，有残存的菌环；柄表乳白色、黄褐色、灰褐色，黏滑；柄基菌丝乳黄色。担子棒状，20~30×6~8 μm。担孢子8~12×3.5~5 μm，近纺锤形，不对称，近透明，后期淡紫褐色。侧缘囊状体和管缘囊状体均呈棒状，壁光滑。

　　种名释义：aeruginascens 拉丁文：有铜锈的，铜锈状，言菌管或菌肉伤后变呈铜锈色。

　　模式产地：美国：Arkansas, Emmet. A H. Smith 1244（MICH）。

　　生境与已知树种：在北美生于 *Larix laricina* (DuRoi) K. Koch, *L. decidua* Mill., *L. leptolepis* (Sieb. et Zucc.) Gord.等落叶松林下；在我国生于另两种落叶松 *Larix potaninii* Batal., *L. griffithiana* Hort ex Carr.林地。

　　国内研究标本：四川：马尔康，落叶松 *Larix potaninii* Batal. 林下，26. VIII. 2000. 袁明生 4759（HKAS 37040）。云南：香格里拉，石卡山，生于桦木属 *Betula* 及大果落叶松 *Larix potaninii* var. *macrocarpa* Law.林地，20. VI. 1981. 黎兴江 2086（HKAS 8709）。

　　分布：除以上标本记录的省区外，我国尚记录于黑龙江，吉林，辽宁，内蒙古（邵力平等，1997）。

　　讨论：本菌与落叶松属 *Larix* 有菌根组合关系，我国已知树种有 *Larix potaninii* var. *macrocarpa* Law. 和 *Larix potaninii* Batal.，主要见于东北和西南的高山带。该属标本早期多被归于乳牛肝菌属 *Suillus*，后因其菌管孔呈黑褐色，且菌管呈放射状排列，故从乳牛肝菌属分出较为合理，且本菌与落叶松有较密切的菌根组合关系，对用菌根菌造林及对落叶松林的抚育更新甚为重要。

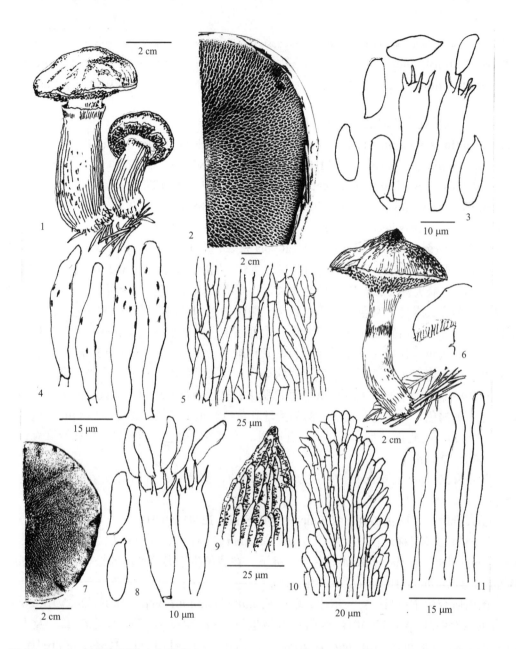

图(Fig.)6：1—5. 变绿褐孔小牛肝菌 Fuscoboletinus aeruginascens (Secr.) Pomerleau et A.H. Smith, 1. 担子果 Basidiocarps, 2. 部分子实层 A part of hymenium, 3. 担子和担孢子 Basidia and basidiospores, 4. 侧缘囊状体 Pleurocystidia 和管缘囊状体 Cheilocystidia, 5. 菌管髓 Tubetrama; 6—11. 粘柄褐孔小牛肝菌 Fuscoboletinus glandulosus (Peck) Pomerleau et A.H. Smith, 6. 担子果 Basidiocarps, 7. 部分子实层 A part of hymenium, 8. 担子和担孢子 Basidia and basidiospores, 9. 腺体 Glandular dott, 10. 菌管髓 Tubetrama, 11. 侧缘囊状体 Pleurocystidia 和管缘囊状体 Cheilocystidia。(臧穆 M. Zang 绘)

VIII. 2. 黏柄褐孔小牛肝菌　图 6：6—11；彩色图版 I: 2

Fuscoboletinus glandulosus (Peck) Pomerleau et A.H. Smith, Brittonia **14**: 162. 1962.

—— *Boletinus glandulosus* Peck, Bull. N. Y. State Mus. **131** : 34. 1909.

—— *Suillus glandulosus* (Peck) Singer, Lilloa **22**: 657. 1949.

菌盖径 4~12 cm，初期中央隆起，后期平展，盖缘向下弯卷，具缘膜，呈撕裂状。盖表初黏滑，表面有凹陷，形成不规则网眼，赭褐色、红褐色、砖红色，后呈深褐黑色，盖缘褐色。菌肉厚 10~12 mm，较脆，不呈海绵质，淡黄色，近盖表处微红，与菌管连接处呈黄色；口尝微甜，闻之有刺激使人不快的感觉 (slightly pungent)。菌管近贴生到微下延，4~8 mm 长，与菌肉分离，暗黄色，成熟后呈橄榄褐色；管口不规则多角形，阔约 2 mm；管壁有不定形的片状突起，有散生的褐色线状突起，呈锥状。菌管髓菌丝双叉分，有中心束。菌柄近棒状，4~8×8~15 mm，柄上部偶有网状纹饰，有时具红色斑点；柄基近黄色。菌环鞘状，宿存。担子棒状，25~30×7~9 μm。担孢子狭长形，两侧不对称，孢脐处微下陷，淡紫褐色，7.5~11.5×3.5~5 μm。侧缘囊状体柱状，30~50×4~6 μm。管缘囊状体长柱状，40~60×4~8 μm，淡褐色，密集丛生。

种名释义：glandulosa 拉丁文：有线体的，言菌管壁有线体。

模式产地：美国：New Brunswick, G. U. Hay [1908] (NYS)。

生境与已知树种：在已知其共生的树种中，未见其生于落叶松林，而限于云杉、松林 *Pinus kesiya* var. *langbianensis* (A. Chev.) Gaussen 和青冈林，树种如 *Cyclobalanopsis delavayi* (Franch) Schott. 和 *C. glaucoides* Schot. 等。

国内研究标本：新疆：阿尔泰山，5. VIII. 1975. 周海忠 3279 (HKAS 10245)；布尔津河谷，31. VIII. 1975. 周海忠 3288 (HKAS 16265)。江苏：松江，天马山，10. IV. 1975. 谭惠慈 2126 (HKAS 10392)。台湾：台中县，大雪山，3200 m，27. VI. 2001. 陈建名 2861 (HKAS 38776)。四川：稻城，巨龙，针叶林下，3700 m，11. VIII. 1984. 袁明生 578 (HKAS 15725)；乡城，马鞍山，高山栎林和云杉林下，3800 m，13. VIII. 1981. 黎兴江 882 (HKAS 7811)；得荣，扎格山，高山栎 *Cyclobalanopsis delavayi* (Franch) Schott. 林下，3200 m，4. VIII. 1981. 黎兴江 2062 (HKAS 8679)；雅江，剪子湾山，7. VIII. 1983. 宣宇 500 (HKAS 12281)。云南：丽江，玉龙山，干海子，3200 m，*Cyclobalanopsis delavayi* (Franch) Schott. 林下，6. VIII. 1985. 臧穆 10317 (HKAS 15195)；贡山，其期，齐洽洛，1900 m，19. VII. 1982. 臧穆 77 (HKAS 10618)。

讨论：本种在我国未见于落叶松林下，而在云杉、松林和高山栎林发现。其菌管壁上的褐色线体可作为鉴定的一个特征；其菌柄表面也具线点，褐黑色；菌管口亦深褐色。

VIII. 3. 淡褐孔小牛肝菌　图 7：1—5

Fuscoboletinus grisellus (Peck) Pomerleau et A.H. Smith Brittonia **14**: 168. Fig. 6 1962.

—— *Boletinus grisellus* Peck, Mem. N.Y. State Mus. **4** (3) : 169. Pl. 52. 1900.

菌盖径 4~8.5 cm，顶端幼时具钝头，盖周近平展，盖表有压伏的绒毛和覆瓦状排列的鳞片；表面黏滑，淡橄榄褐色、淡灰橄榄色，间有浓淡不均的黄褐色斑点；盖缘有淡黄色缘膜，内卷。菌肉柔软，白色或近淡黄色，伤后变色不明显，生尝和鼻闻，无特殊气味。菌管 3~6 mm 长，近柄处贴生至延生，管孔近圆形，多角形，孔壁深褐色；近柄处狭长形，放射列。菌管髓菌丝交织排列，或有中心束，微双叉分。菌柄长短不等，一般 3~8×0.5~1.5 cm，近等粗，上部黄色，基部白色，上部平滑，中下部被鳞片和绒毛；

近上部有环膜，早落；柄内实或有细长的空腔。担子圆头状，棒状，20~25×3~7 μm。孢子印灰褐色，棕色。担孢子狭卵圆形，侧面呈不对称椭圆形，8~10×4.3~5 μm，壁光滑，脐周凹下陷，淡褐色。管缘囊状体柱状，30~60×10~15 μm。

种名释义： grisellus 拉丁文：griseus 灰色的，来自古高地德语 gris 灰色的，ellus 小式语尾。

模式产地： 美国：Massachusetts, Natick, Geo. F.Morris, Octobe R [1889?]（NYS）。

生境与已知树种： 多见于温带和亚热带高山，以落叶松属 *Larix* 林为主。兼见于松属 *Pinus*、云杉属 *Picea* 及冷杉属 *Abies* 等林下。

国内研究标本： 台湾：台中，大雪山，3100 m，27. VI. 2001. 陈建名 2880（HKAS 38759）；台东县，向阳，14. VII. 2001. 陈建名 2929（HKAS 38764）。云南：弥渡县，海坝庄，2200 m，*Pinus taeda* L. 7. VIII. 1986. 臧穆 10466（HKAS 17421）。西藏：墨脱，格当，崩曲，西坡，3300 m，冷杉属 *Abies* 及云杉属 *Picea* 林下，6. X. 1982. 苏永革 1527（HKAS 16394）。

分布： 在我国除以上标本记录的省区外，尚记录于四川（邵力平等，1997）。

讨论： 本菌主要与针叶树种有菌根组合关系，尤与落叶松属 *Larix* 为主，以云杉属 *Picea*、冷杉属 *Abies* 及松属 *Pinus* 为辅。本菌菌柄兼有中实和部分中空的现象。侧缘囊状体和管缘囊状体的细胞壁均光滑，无任何突起。

VIII. 4. 迟生褐孔小牛肝菌　图 7：6—10

Fuscoboletinus serotinus (Frost) A.H. Smith et H.D. Thiers, The Boletes of Michigan, p. 85. 1971.

—— *Suillus serotinus* (Frost) Kretzer et T.D. Bruns, in Kretzer, Li, Szaro et Bruns, Mycologia **88**: 784. 1996.

—— *Boletus serotinus* Frost, Bull. Buffalo Soc. Nat. Sci. **2**: 100. 1877.

——*Boletopsis serotinus* (Frost) Henn. Die Naturlichen Pflanzenfamilien nebst ihren Gattungen und wichtigeren Arten insbesondere den Nutzpflanzen: I. Tl., 1. Abt. Fungi（Eumycetes）（Leipzig）: 195. 1900.

菌盖阔 5~12 cm，中央有凸起的钝尖，盖周围平展；盖表有黏液覆盖，后期液干而消失；盖色巧克力色、黑漆色，盖缘色淡；具疏密不等的绒毛组成斑块状；盖缘微上翘。具膜，后期脱落或残留。菌肉淡乳白色，伤后变蓝，且很快变成深褐色；生尝微有辛辣味。菌管灰褐色、月桂褐色、烟黑色，菌管长 8~15 mm，多角形，近柄处狭长形，放射生。管髓菌丝交织状排列。菌柄柱状，近等粗，5~9×0.9~1.7 cm，表面干燥，被淡灰色绒毛。有菌环，易脱落。在菌环以上的柄表具网络，淡褐色，柄基微黄。担子狭棒状，20~25×5~8 μm。担孢子印紫褐色；担孢子近椭圆形，8~11×4~5 μm，两侧不对称。侧缘囊状体近纺锤状，深褐色，壁表多具晶状颗粒（incrusting materials），色泽较深，25~30×7~12 μm。管缘囊状体狭棒状，30~50×8~12 μm。

种名释义： serotinus 拉丁文：迟生的，后熟的，言子实体多见于夏末秋初。

模式产地： 美国：Vermont, Brattleboro, 1862. C. C. Frost, V T. No3221（Lectotype by Halling, 1983.）。

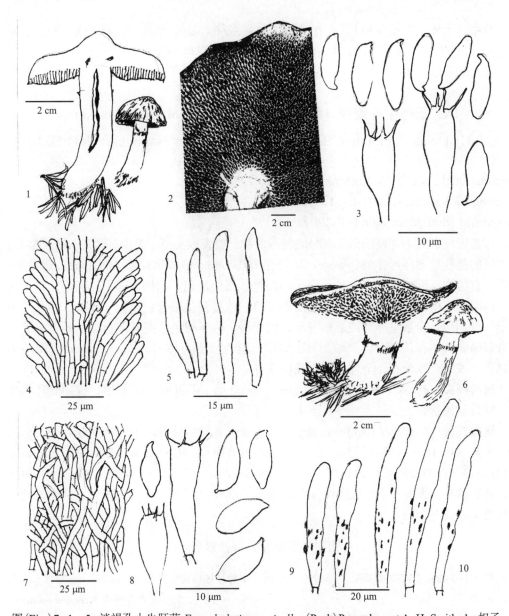

图(Fig.)7: 1—5. 淡褐孔小牛肝菌 *Fuscoboletinus grisellus*（Peck）Pomerleau et A. H. Smith, 1. 担子果 Basidiocarps, 2. 子实层的菌孔 Pores of hymenium, 3. 担子和担孢子 Basidia and basidiospores, 4. 菌管髓 Tubetrama, 5. 侧缘囊状体 Pleurocystidia 和管缘囊状体 Cheilocystidia；6—10. 迟生褐孔小牛肝菌 *Fuscoboletinus serotinus*（Frost）A.H. Smith et H. D. Thiers, 6. 担子果 Basidiocarps, 7. 菌管髓 Tubetrama, 8. 担子和担孢子 Basidia and basidiospores, 9. 侧缘囊状体 Pleurocystidia, 10. 管缘囊状体 Cheilocystidia。（臧穆 M. Zang 绘）

国内研究标本：四川：稻城，巨龙，松林下，3600 m, 11. VIII. 1984. 宣宇 371（HKAS 15700）；雅江，剪子湾山，7. VIII. 1983. 宣宇 499（HKAS 12423）；木里，唐央，4150 m, 杜鹃属 *Rhododendron* 灌丛下，11. IX. 1983. 陈可可 996（HKAS 13995）。贵州：梵净山，850 m, 白发藓属 *Leucobryum* 丛中，VIII. 1982. 吴兴亮 780（HKAS 14492）。云南：贡山，其期，齐恰罗，1900 m, 白发藓属丛中，19. VII. 1982. 臧穆 72（HKAS 10613）。

分布：主要见于东亚和北美，北美如 Nove Scotia, New York, Great Lakes region 及 Michigan 西部。我国主要见于西南的高山带，尤多于落叶松属 *Larix*、松属 *Pinus*、云杉属 *Picea* 及冷杉属 *Abies* 等针叶林下，常发现于酸性土的白发藓属群落中。

IX. 圆孢牛肝菌属 (圆齿孔牛肝菌属) Gyrodon Opatowski,

Comm. Hist. Nat. Fam. Fung. Bolet., Wiegmann's Arch. Naturgesch **2**(1): 5. 1836.

Uloporus Quél., fide Donk, Roinwardtia, **3**: 289. 1955.

Anastomaria Rafines, Ann. Natur. **1**: 16. 1820.

Boletinellus Murr. Mycologia **1**: 9. 1909.

菌盖近圆形或不规则圆形，有时倾斜不对称；盖表多平滑，很少有鳞片，幼时黏滑。子实层的菌孔呈圆环形排列 (gyrose)、牛肝菌型 (boletinoid) 或褶片型 (lamellate)，蜂巢形；菌管口有齿裂；近柄处明显下延。孢子印褐色、橄榄褐色。菌柄表部不具网络，不具线点，内实，不中空。菌肉淡黄色，伤后不变色，或稍变呈微蓝色。担子棒状。担孢子短圆形、近圆形，少数呈棒形或近短肾形，壁光滑，孢子褐色。囊状体形态变异不显著，部分管缘囊状体有长短变异。菌丝具锁状联合。多生于阔叶落叶林下，如 *Alnus*、*Fraxinus* 等林下。该属全球分布，全球 7 种，我国 3 种。

属名释义：gyros 希腊文：圆形，圆圈，odon 齿，言担孢子近圆形，或菌管环状排列，管口具齿状裂。

属模式种：*Gyrodon sistotremoides* (Fr.) Opat.，其异名是 *Boletus sistotrema* Fr., Syst. Mycol. 1：389. 1821。但后者与原模式是否为同种有争议，(Kallenbachi Pilze Mitteleuropas 1(15)：113. 1935)；或被认为属模式应为 *Gyrodon lividus* (Bull.: Fr.) Sacc.，其孢子亦短圆形，见于瑞典、西班牙、爱尔兰和乌拉尔山区 (Gilbert, Bolets, p. 216. 1931)。其模式种原采集地瑞典，存 UPS。

圆孢牛肝菌属分种检索表

1. 菌盖阔 1~3 mm；担孢子卵圆形，4.5~7×2~2.5 μm；本种往往与匍枝提灯藓 *Plagiomnium* 有菌根组合关系 ··· **IX. 3. 钉头圆孢牛肝菌 *Gyrodon minutus***

1. 菌盖阔 5~12 mm；担孢子多呈椭圆形，4~8×6~7 μm；往往与多种树的根系相组合 ····················· **2**

  2. 担孢子卵圆形，4~8×3~5 μm；管孔颇小，长 3~5 mm，管口狭长，呈齿裂；菌肉伤后迅速变蓝；与桤木属 *Alnus* 相组合 ···················· **IX. 2. 铅色圆孢牛肝菌 *G. lividus***

  2. 担孢子长卵圆形，7~10×5.5~6.5 μm；管长 3~10 mm，管口圆形至多角形，近柄处延生，放射列；与松属 *Pinus* 相组合 ···················· **IX. 1. 短小圆孢牛肝菌 *G. exiguus***

Key to species of the genus *Gyrodon*

1. Pileus 1~3 mm broad; Basidiospores 4.5~7×2~2.5 μm, ovoid; associated with *Plagiomnium*······················

·· **IX. 3. *G. minuatus***

1. Pileus 5~12 cm broad; Basidiospores 4~8×~7.5 μm, ovate to elliptic; associated with different trees········ **2.**

2. Basidiospores 4~8×3~5 μm; pores rather small, but elongate, later becoming irregularly elongate, therefore appearing as toothed; context strongly bluing when cut; associated with *Alnus*··· ··**IX. 2. *G. lividus***

2. Basidiospores 7~10×5.5~6.5 μm; pores rounded–angular, elongated radially, decurrent. Tubes 3~10 mm long, context bluing when cut; associated with *Pinus*··**IX. 1. *G. exiguus***

IX. 1. 短小圆孢牛肝菌　图 8：1—6

Gyrodon exiguus R. Singer et Digilio, Lilloa **30**: 154. 1960.

　　菌盖不规则圆形，后期多中凹，呈漏斗形或不规则肾形或扇形，径 1.5~6 cm；盖表初微黏滑，后有绒毛，栗褐色、橄榄褐色、橄榄紫色；盖边卷曲，波浪形，边缘向下弯卷，将盖缘菌管包卷在内。菌肉乳白色，伤后呈蓝色，后转橄榄褐色；生尝微苦。菌管髓菌丝平行列。菌管长 3~5×1.5~2 cm；表面与盖色相近，有短绒毛。柄基菌丝乳白色。担子棒形，上部膨大，下部渐细。担孢子杏仁状，广椭圆状，7~10×5.5~6.5 μm。侧缘囊状体纺锤状，12~20×5~7 μm。管缘囊状体不规则棒状，10~30×6~8 μm。

　　种名释义：exiguus 拉丁文：短的，小的，言菌柄短小。

　　模式产地：Bolivia，现存 Field Museum of Natural History, Chicago（F）。

　　国内研究标本：台湾：花莲，秀林乡，关原，2400 m, 18. IV. 2002. 陈建名 3152（HKAS 41127）；同地，18. IV. 2002. 陈建名 3157（HKAS 41130）；陈建名 3158（HKAS 41116）。

　　讨论：本种在我国台湾的记录主要在松林下，与台湾果松 *Pinus armandii* var. *mastersiana*（Hayata）Hayata 有菌根组合关系；在大陆的华山松 *Pinus armandii* Franch.分布环境下，与虎皮乳牛肝菌 *Suillus spraquei*（Berk et Curt.）Kuntze 有菌根组合关系，但本种更适于南方亚热带地区。

IX. 2. 铅色圆孢牛肝菌　图 8：7—11；彩色图版 II: 3

Gyrodon lividus（Bull.）Sacc. Syll.Fung. **6**: 52. 1888.

—— *Boletus lividus* Bull. Syst. Mycol. **1**: 389. 1821.

—— *Boletus sistotrema* Fr., Syst. Mycol. **1**: 389.1821.

—— *Boletus brachyporus* Pers., Mycol. Eur. **2**: 128. 1825.

—— *Boletus rubescens* Trog, Flora **22**：449.1839.

—— *Uloporus lividus*（Bull.）Quél., Enchir. 162. 1886.

—— *Gyrodon rubrescens* Sacc. Syll.Fung **6**: 52. 1888.

　　菌盖半圆形，宽 6~8 cm；盖缘渐薄；盖表初黏滑，后干燥，表面有绒毛，盖表黄褐色、橄榄褐色。菌肉金黄色，伤后变蓝；生闻有菌香气，生尝微酸。菌管黄色、稻草黄色、土黄色，排列呈牛肝菌型，迷路型，仅在近柄处呈放射型；管长 4~8 mm；菌管口圆多角形。菌管髓菌丝平行或双叉分。菌柄棒状，近等粗，2~3×0.5~1.5 cm，内实；柄表色泽较盖为淡，上部黄色，中下部黄褐色，柄基菌丝乳白色。担子短棒形，20~25×8~10 μm。担孢子近圆形，椭圆形，7~11×4~9 μm。侧缘囊状体和管缘囊状体均呈棒状，30~45×5~8 μm，形态无异。

　　种名释义：lividus 拉丁文：浅蓝色，铅色，言菌盖的色泽。

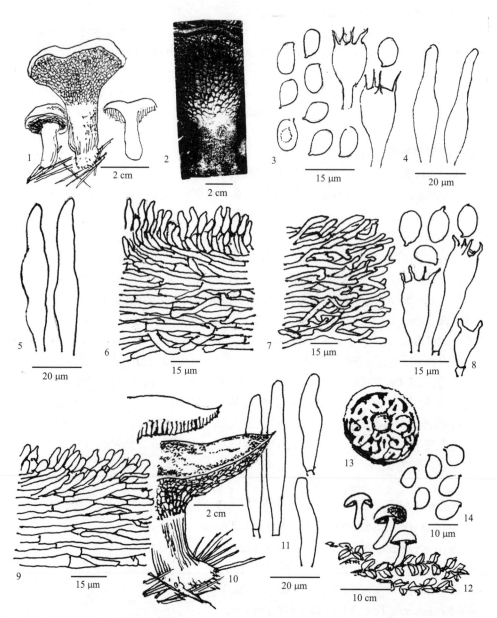

图(Fig.)8：1—6. 短小圆孢牛肝菌 *Gyrodon exiguus* R. Singer et Digilio, 1. 担子果 Basidiocarps, 2. 子实层的菌孔 Pores of hymenium, 3. 担子和担孢子 Basidia and basidiospores, 4. 侧缘囊状体 Pleurocystidia, 5. 管缘囊状体 Cheilocystidia, 6. 菌管髓 Tubetrama；7—11. 铅色圆孢牛肝菌 *Gyrodon lividus*(Bull.)Sacc., 7. 盖表层菌丝 Pileipellis, 8. 担子和担孢子 Basidia and basidiospores, 9. 菌管髓 Tubetrama, 10. 担子果 Basidiocarps, 11. 侧缘囊状体 Pleurocystidia 和管缘囊状体 Cheilocystidia；12—14. 钉头圆孢牛肝菌 *Gyrodon minutus*(W. F. Chiu)F. L. Tai, 12. 担子果 Basidiocarps, 13. 子实层体的菌孔 Pores of hymenophore, 14. 担孢子 Basidiospores,(12—14.仿裴维蕃，After W. F. Chiu, 1957.)。(臧穆 M. Zang 绘)

模式产地：欧洲，瑞典(UPS)等模式亦存 Erbario. Universita degli Studi di Palermo, Italy。美洲标本是 1984 年发现，首见于加州。Hayward & Thiers(1984)[SFSU, UCR]。

生境与已知树种组合：国外记录主要为赤杨属的多种，如 *Alnus crispa*（Ait.）Pursh.、*A. incana* Spreng、*A. rugosa* Spreng 有菌根组合关系；我国以下列两种赤杨树为主：*Alnus nepalensis* D. Don 和 *A. mandshurica*（Callier）Hand-Mazzett.的组合。

国内研究标本：云南：高黎贡山，古朗丫口，3200 m, 29. VII. 1978. 臧穆 4053（HKAS 4753）；高黎贡山，波拉，竹林下，3400 m, 11. VII. 1978. 卯晓岚 4056（HKAS 4056）；普洱，菜阳河，天壁，1500 m, 20. VI. 2000. 臧穆 13425（HKAS 36129）。西藏：米林，37. IX. 1982.卯晓岚 653（HMAS 51755）；帕隆，22. IX. 1982. 卯晓岚 858（HMAS 53429）；易贡后山，松林下，2700 m, 9. IX. 1979. 臧穆 753（HKAS 753）。

讨论：该种除见于桤木林下，尚见于松林和高山竹林下；菌盖较黏，易与乳牛肝菌属 *Suillus* 相混淆，但本菌多见于桤木林下，少见于松林下；菌肉新鲜时闻之有菌香气。

IX. 3. 钉头圆孢牛肝菌（钉头牛肝菌，小圆牛肝菌） 图 8：12—14

Gyrodon minutus（W. F. Chiu）F. L. Tai, Sylloge Fungorum Sinicorum, p. 483. 1979.

—— *Boletus minutus* W. F. Chiu, Mycologia **40**: 201. 1948.

—— 裘维蕃，云南牛肝菌图志。p. 14. Fig. 4. 1957. 科学出版社。

菌盖直径 1~3 mm，半球形至弧形，光滑，苏丹褐色。菌管长 0.5 mm，棕色，与菌柄成短距延生，管口迷宫状，径 0.1~0.3 mm，灰褐色。菌柄长 3~4 mm，径 0.6~1 mm，中部稍膨大向上渐细，与菌盖同色，但较浅淡，光滑，内容充实。菌肉褐色，不变色。担孢子略带褐色，卵圆形，4.5~7×2~2.5 μm（6~2.4 μm）。

种名释义：minutus 拉丁文：最小的。

模式产地：昆明，妙高寺，混交林下，多苔藓的斜坡上，25. VI. 1942.裘维蕃。此模式原藏昆明西南联大大普吉植物病理和真菌研究室，1945 年西南联大北迁，可能存清华大学，今原模式未见。

生境与已知树种组合：昆明，妙高寺一带，为油杉 *Keteleeria evelyniana* Mast.、云南松 *Pinus yunnanensis* Fr.为主的林地，其林下地表的苔藓层即裘维蕃所绘原图中所见，其林下相组合的藓类是侧枝匐灯藓 *Plagiomnium maximoviczii*（Lindb.）T. Koponen。

国内研究标本：未见原模式。

讨论：牛肝菌类，体形如此小，菌盖径仅 3 mm 以下的小型菌类，非常稀少，仅知的除此种外，尚有微渺牛肝菌 *Boletus minimus* M. Zang et N. L. Huang，后者见于福建，但子实层不呈迷路状，而本种子实层呈明显迷路状。

X. 圆孔牛肝菌属(空柄牛肝菌属) Gyroporus Quél.

Enchir. Fung. p. 161. 1886. emend. Patouillard, N., Ess. Tax., p. 124. 1900.

Suillus P. Karst. Bidr. Finl. Nat. Folk. **37**: v. 1882. non S. F. Gray（n 1821）.

Coelopus Pat., Bolts, p. 12. 1908.

Leucobolites G. Beck, Zeitshr. Pilzk. **2**: 146. 1923.

Leucoconius（Reichenb.）G. Beck, Zeitschr. Pilzk. **2**: 146. 1923.

菌盖外表不具黏液，表面光滑，具绒毛或鳞片；盖表菌丝多平行列，匍匐生，末端微仰起。菌柄圆柱形，纺锤形，中空，一室至多室，极少内实。菌肉伤后变蓝或不甚明显。子实层由菌管组成，管口径近柄处狭长，中部近圆形，多角形，黄色，藁干色 (pallid stramineous)。菌管髓菌丝双叉分或具中心束。孢子印近黄色。担孢子椭圆形，狭椭圆形，淡藁干色，近透明黄色。囊状体棒状，菌丝有锁状联合。菌肉对无机化学试剂反应不甚明显。为外生菌根菌，与松属 *Pinus*、桦木属 *Betula* 和赤杨属 *Alnus* 等有菌根组合关系。本属在 1923 年前，与 *Leucoconium* (Reichenb.) G. Beck 相混淆，其模式种为同种，由于命名法以优先权为准，故将 *Leucoconium* 列为本属异名。本属的某些种与乳牛肝菌属 *Suillus* 在分类学的处理上也有不同论点，但本属菌盖表面黏液不甚明显，在宏观上易与乳牛肝菌属相区别。本属多见于温带和亚热带。分布于欧洲、亚洲和北美洲。全球 14 余种，我国已知 11 种。

属名释义：Gyroporus 希腊文：gyro 圆的，porus 孔。

属模式种：*Gyroporus cyanescens* (Bull. : Fr.) Quél.。

模式产地：欧洲，Caucasus, Abkhazia, Saken R., 生于 *Fagus longipelata* Seer. 和 *F. sylvatica* L. 林下，1929 (W)。

圆孔牛肝菌属（空柄牛肝菌属）分种检索表

1. 菌盖和菌柄表部被细绒毛、粗绒毛、鳞片或长毛状物 ·······················
···················· **X. 2.** 褐鳞盖圆孔牛肝菌 *Gyroporus brunneofloccosus*

1. 菌盖表不甚平滑，仅具粗糙的颗粒状物；菌柄干而光滑 ·························· 2.

　2. 菌盖褐色至铁锈色、栗褐色、黄褐色、肉桂色或紫褐红色 ····················· 3.

　2. 菌盖呈茶褐色、酒红色、橘黄色、稻草黄色或近白色 ······················· 4.

3. 菌盖色泽紫罗兰色 ···················· **X. 1.** 暗紫圆孔牛肝菌 *G. atroviolaceus*

3. 菌盖色泽肉桂褐色、淡紫褐色 ············· **X. 3.** 栗色圆孔牛肝菌 *G. castaneus*

　4. 菌肉伤后明显变蓝 ·· 5.

　4. 菌肉伤后不明显变色 ·· 6.

5. 担孢子侧面观呈长椭圆形，8~10×5~6 μm;菌肉伤后，迅速变蓝
·· **X. 4.** 变蓝圆孔牛肝菌 *G. cyanescens*

5. 担孢子侧面观呈短椭圆形，4.9~6.5×3.5~4.7 μm；菌肉伤后变蓝缓慢
·· **X. 5.** 浅蓝圆孔牛肝菌 *G. lividus*

　6. 菌肉伤后不变色或极不明显的变色；担孢子侧面观呈椭圆形 ··········· 7.

　6. 菌肉伤后变浅蓝，担孢子侧面观呈卵圆形，3~4.1×2~2.2 μm
·· **X. 8.** 微孢圆孔牛肝菌 *G. pseudomicrosporus*

7. 担孢子椭圆形，光滑至有疣，15~8.7×9~11 μm
·· **X. 11.** 疣孢圆孔牛肝菌 *G. tuberculosporus*

7. 担孢子亚椭圆形或近于卵形；壁光滑 ····································· 8.

　8. 菌盖径多小于 2 cm，茶褐色 ········· **X. 7.** 马来西亚圆孔牛肝菌 *G. malesicus*

　8. 菌盖径多大于 2 cm，非茶褐色 ··· 9.

9. 菌盖径多大于 8 cm，矿石红色、暗酒红色 ····· **X. 9.** 紫圆孔牛肝菌 *G. purpurinus*

9. 菌盖色泽不如上述 ··· 10.

    10. 菌盖稻草黄色或橘色 ·························· **X. 6.** 长囊体圆孔牛肝菌 *G. longicystidiatus*

    10. 菌盖近白色 ·································· **X. 10.** 白盖圆孔牛肝菌 *G. subalbellus*

Key to species of the genus *Gyroporus*

1. Pileus and stipe with floccose-scaly to coarsely tomentose or long hairs ························
··· **X. 2.** *Gyroporus brunneofloccosus*

1. Pileus unpolish to pruinose to almost pulverulent, sometimes appearing glabrous, stipe surface dry, glabrous
·· 2.

    2. Pileus fulvous-ferruginous, castaneous-fulvous, tawny, cinnamon, purplish-carmine ············ 3.

    2. Pileus not colored as above ··· 4.

3. Pileus deep purplish-violet ·· **X. 1.** *G. atroviolaceus*

3. Pileus cinnamon-rufous to pale pinkish-buff ··· **X. 3.** *G. castaneus*

    4. Context strongly bluing on exposure ··· 5.

    4. Context not colored as above ··· 6.

5. Basidiospores elliptic in face view, 8~10×5~6 μm; Context strong bluing on exposure ·············
··· **X. 4.** *G. cyanescens*

5.Basidiospores short elliptic in face view, 4.9~6.5×3.5~4.7 μm; Context weakly bluing on exposure ··········
··· **X. 5.** *G. lividus*

    6. Context not colored as above or weakly changing ······························ 7.

    6. Conext weakly bluing on exposure. Basidiospores ovoid in face view. 3~4.1×2~2.2 μm. ···············
·· **X. 8.** *G. pseudomicrosporus*

7. Basidiospores elliptic, smooth to verrucose, 5~8.7×9~1 μm ········· **X. 11.** *G. tuberculosporus*

7. Basidiospores subelliptic or ellipsoid to ovoid, smooth ··· 8.

    8. Pileus usually less than 2 cm diameter, tawny-brown ·················· **X. 7.** *G. malesicus*

    8. Pileus more than 8 cm diameter, not tawny-brown ·· 9.

9. Pileus mineral red to dark vinaceous-red ·· **X. 9.** *G. purpurinus*

9. Pileus surface not colored as above ··· 10.

    10. Pileus surface straw-yellowish or orange-colored ············ **X. 6.** *G. longicystidiatus*

    10.Pileus surface whitish-colored ····························· **X. 10.** *G. subalbellus*

X. 1. 暗紫圆孔牛肝菌（暗紫空柄牛肝菌） 图 9：1—4

Gyroporus atroviolaceus (Hoehn.) W.W. Gilb., Les Bolets p. 102. 1931.

—— *Suillus atroviolaceus* Hoehn., Fragmenta Myk. 16 : 39. 1914.

—— *Boletus atroviolaceus* (Hoehn.) W. F. Chiu, Mycologia 40: 203. 1948.

    菌盖径 3~6 cm，中凸至半圆形，后近平展；紫蓝色、深紫色。盖缘色泽微淡，呈土红色、土褐色，表面具短绒毛，后期脱落近平滑。盖表菌丝平行交织型。菌管长 3~4 mm，近柄处离生。管口幼时乳黄色，成熟后红褐色、茶褐色，管口径 0.1~0.5mm，近多角圆形，单孔型。菌管髓有中心束。菌丝近双叉分。菌柄棒状，近等粗，0.2~1.2×5~9 cm，上部有颗粒状物，中下部有绒毛；淡黄色，有时基部膨大，中空。菌肉乳白色，伤后缓慢变蓝，菌肉无异味，生尝微酸。担子圆棒状，上粗下细，5~8×10~20 μm。担孢子卵圆形、椭圆形，无色，8~11×6~8 μm。侧缘囊状体和管缘囊状体均呈纺锤形棒状，前者25~30×5~15 μm，后者 30~45×5~20 μm。

　　种名释义：atro 拉丁文：黑暗的，violaceus 紫堇色的，言菌盖的色泽。

　　模式产地：原记录为爪哇岛，Hoehnel 的原标本的色泽已退，FH 存有副模式。

　　生境与已知树种组合：多与针叶树如松属 Pinus 、阔叶树如栎属 Quercus 相组合。

　　国内研究标本：海南：乐东县，尖峰岭，800 m，11. V. 1981. 弓明钦 14（HKAS 22382）；同上，23. V. 1981. 弓明钦 15020（HKAS 22426）。贵州：宽阔水，阔叶林地，17. VII. 1993. 吴兴亮 3344（HKAS 29295）。云南：保山，向西，1750 m，云南松 Pinus yunnanensis Fr. 林下，25. VIII. 1991. 陈可可 217（HKAS 23538）；昆明，西山，16. VII. 1938. 周家炽（载于裴维蕃，云南牛肝菌图志. p.20.1957）。

　　分布：该种现知分布于我国的海南和云南，也见于爪哇的 Tjibodas，是一个生长在亚洲季雨林下的菌类。菌盖表深紫色，并有绒毛覆盖，菌柄粗而空心，易鉴别，是在季雨林的湿雨季节较易发现的菌类，可食。

　　讨论：原模式标本的孢子椭圆形，透明黄色，有轻微的脐下陷（slight suprahilar depression），孢子 8.8~9.5×6.3~6.7 μm。担子 26.5~31.5×12~14 μm。菌丝透明微带褐色，有锁状联合。国内标本担孢子略大，8~11×6~8 μm。

X. 2. 褐鳞盖圆孔牛肝菌（变蓝褐鳞盖空柄牛肝菌）　　图 9：5—9
Gyroporus brunneofloccosus T. H. Li, W. Q. Deng et B. Song, Fungal Diversity **12**: 123. 2003.

　　菌盖幼时半圆形，后平展，中部微凹，橘褐色；肉褐色、肉桂色，表面干，不黏滑。盖表具绒毛，鳞片，或具粗而长的绒状鳞片，呈辐射状覆瓦状排列，常扭结。菌肉乳白色，伤后呈淡绿松石色（turquoise green），渐变蓝色。无异味，生尝微酸。菌管口乳黄色、黄色，管长 3~8 mm，近柄处贴生或微下延，或顺柄下陷。菌管与菌肉易剥离。管口近圆形、多角形，伤后变蓝，转褐黑。菌管髓菌丝有中心束。菌柄中生，5~7×1~2 cm，上部和下部较细，中部较粗，略呈纺锤形，柄表有鳞片，与盖色相同，呈覆瓦状排列，不呈网状。柄为具多个横隔的空室，伤后变蓝。担子短棒状，20~30×8~10 μm。担孢子阔椭圆形，壁光滑，微淡黄色，5~9×4~6 μm。管缘囊状体棒状，30~40×8~10 μm。侧缘囊状体少见。菌丝有锁状联合。

　　种名释义：brunneofloccosus 拉丁文：brunneo 褐色的，floccosus 绒毛状的。

　　模式产地：广东，鼎湖山自然保护区，5. IX. 1980. C. Li（HMIGD 4588）；16. V. 1981. C. Li（HMIGD 4920）。

　　生境与已知树种组合：多生于马尾松 Pinus massoniana Lamb.林下。

　　国内研究标本：广东：鼎湖山自然保护区，马尾松 Pinus massoniana Lamb. 树下，5. IX. 1980. C. Li（HMIGD 4588）；同地，16. V. 1981. C. Li（HMIGD 4920）；同地，23. V. 1987. 李泰辉，毕志树（HMIGD 11771）。

　　分布：现知为广东特有，估计海南可能有分布。

讨论：现知与松属有菌根组合关系。马尾松 Pinus massoniana Lamb.多见于我国东部和东南部，贵州以西则为云南松所代替，故川滇藏未曾发现。

X. 3. 栗色圆孔牛肝菌（褐圆孔牛肝菌，褐空柄牛肝菌，栎牛肝菌）　图9：10—12
Gyroporus castaneus(Bull.) Quél., Enchir. p. 161. 1886.

—— *Boletus castanens* Bull., Syst. Mycol. **1:** 392. 1821.

—— *Boletus cyanescens* B. *fulvidus* Fr., Syst. Mycol. **1:** 395. 1821.

—— *Boletus fulvidus* Fr., Epicr., p. 426. 1838.

—— *Boletus testaceus* Pers., Mycol. Eur. **2:** 137.1825.

—— *Suillus castaneus* Poir. In Lam. ex Karst., Bidr. Finl. Nat. Folk. **37:** 1.1882.

—— *Gyroporus castaneus* var. *fulvidus* Quél., Enchir., p. 161. 1886.

—— *Boletus rufocastaneus* Ellis. & Everh., N. Am. Fungi, 2nd ser., no. 2302. 1890, *nomen nudum.*

菌盖径 3~7cm，扁半球形，后渐平展，中部下凹，干，被细绒毛；呈淡红褐色、深咖啡色、橘褐色、肉桂褐色、粉紫褐色。盖表菌丝近直立，微倾斜。盖易开裂或皱缩不平。菌管呈白色、淡黄色，后期柠檬黄色。近果柄处微下陷。菌管长 8 mm，管孔 1~3 mm，圆多角形。菌管髓菌丝双叉分。菌柄棒状，近纺锤状，为具数横隔的空腔。柄表有绒毛，色泽较盖为淡，不黏，近等粗。柄基菌丝近白色。菌肉鲜时无异味，生尝微甜。担子短棒状，27~35 × 8~11 μm，具 4 小柄。担孢子椭圆形，脐下压较明显，7~11×4.5~6 μm，壁光滑，具油滴。侧缘囊状体和管缘囊状体棒状，顶部渐尖，38~46 × 8~11.5 μm，菌丝有锁状联合。

种名释义： castaneus 希腊文：栗色的，言菌盖多呈栗色。

模式产地： 原记录于欧洲，西班牙，Catalonia, Aiguamoix Valley. 28 VIII 1934. Singer(BA)，北美有多处记录，代表如 Gainesville W. A. Murrill(FLAS)。

生境与已知树种组合： 针叶树和阔叶树林地，见于欧洲、亚洲、北美洲、非洲、大洋洲。

国内研究标本： 湖北：神农架，12. VIII. 1984 孙述霄 259(HMAS 57625 [S])。福建：鼓山，11. VII. 1975.谭惠慈 2572(HKAS 10261)；桐木，三港，马尾松 Pinus massoniana Mast. 林下，10. VIII. 2001. 刘燕 10806015(厦门大学标本室)。台湾：福山，3. VII. 1992. 周文能 213(HKAS 27954)；南投，惠荪林场，15. VIII. 2001. 陈建名 3015(HKAS 38786)。海南：乐东县，尖峰岭，700 m, 23. V. 1981.弓明钦 815027(HKAS 22387)。广西：金秀，大瑶山，1100 m, 落叶石栎 Lithocarpus lenuilimbus H. T. Chang 及松林下，25. VII. 1999. 袁明生 4144(HKAS 34647)。四川：乡城，巴朗，4100 m, *Abies* 林下，13. VIII. 1981. 王立松 131(HKAS 8713)。云南：思茅，扎拉垭口，1500 m, 6. VIII. 1994. 臧穆 12284(HKAS 28095)；楚雄，紫溪山，2500 m, 华山松 Pinus armandii Mast. 林下，28. VIII. 1994. 臧穆 12428(HKAS 28218)；丽江，云南松 Pinus yunnanensis Fr.林下，19. VIII. 1984. 宣宇9(HKAS 13201)；德钦，白马雪山，3750 m, *Picea* 和 *Abies* 林下，12. VII. 1981. 黎兴江 853(HKAS 7782)；勐腊县，勐仑，750 m, 22. X. 1989. 杨祝良 780(HKAS 23401)；腾冲，大塘，4. X. 2002. 王汉臣 194(HKAS 41243)；武定，狮子山，4. VII. 1985. 纪大干 3(HKAS 20480)。

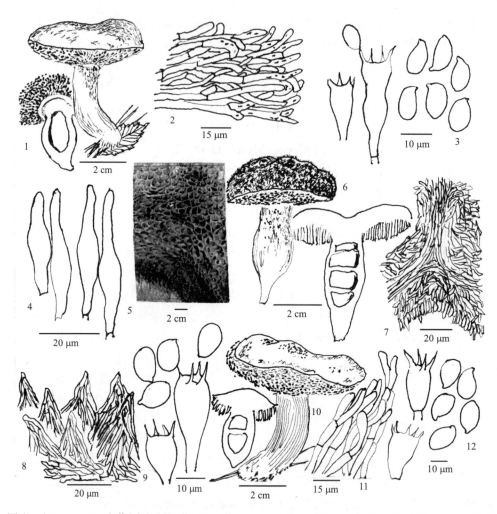

图 (Fig.) 9：1—4. 暗紫圆孔牛肝菌 *Gyroporus atroviolaceus* (Hoehn.) W. W. Gilb., 1. 担子果 Basidiocarps, 2. 盖表层菌丝 Pileipellis, 3. 担子和担孢子 Basidia and basidiospores, 4. 管缘囊状体和侧缘囊状体 Cheilocystidia and Pleurocystidia；5—9.褐鳞盖圆孔牛肝菌 *Gyroporus brunneofloccosus* T. H. Li, W. Q.Deng et B. Song, 5. 子实层的菌孔 Pores of hymenium, 6. 担子果 Basidiocarps, 7. 菌管髓 Tubetrama, 8. 盖表层菌丝 Pileipellis, 9. 担子和担孢子 Basidia and basidiospores；10—12. 栗色圆孔牛肝菌 *Gyroporus castaneus* (Bull.) Quél., 10. 担子果 Basidiocarps, 11. 盖表层菌丝 Pileipellis, 12. 担子和担孢子 Basidia and basidiospores。（臧穆 M. Zang 绘）

分布：辽宁，吉林有分布。在欧洲、亚洲、北美洲、非洲、大洋洲均有分布。

讨论：这是一个广布于针阔混交林下的菌种，见于多种鹅耳枥，如 *Alnus firma* Sieb. et Zucc.及 *Alnus mandshurica* (Callier) Hand.-Mazz.等林下。本菌外表紫褐色、菌肉白色，明显易别，在林下夺目，得把芝光，易于发现。

X. 4. 变蓝圆孔牛肝菌（黄空柄牛肝菌） 图 10：1—4；彩色图版 II: 4

Gyroporus cyanescens (Bull.) Quél., Enchir. p. 161. 1886.

—— *Boletus cyanescens* Bull., Syst. Mycol.**1**: 395. 1821.

—— *Leccinum constrictum* Pers. ex S. F. Gray, Nat. Arr. Brit. Pl. **1** : 647.1821.

—— *Boletus lacteus* Lév., Ann. Sci. Nat. ser. **III, 9**: 124, pl. 9, figs. 1~2. 1848.

—— *Suillus cyaenescens* Poir, in Lam.ex Karst., Bidr.Finl.Nat.Folk **37**:1.1882.

—— *Gyroporus lacteus* Quél., Enchir. p. 161. 1886.

—— *Gyroporus cyanesens* var. *lacteus* Quél., Fl.Mycol. p. 425.1888.

菌盖径 4~8 cm，中凸到扁平，稻草黄色、淡硫磺色，常具黄绿色或淡琥珀褐色斑块，有粗糙小鳞片和绒毛簇团；不黏，表面平滑或有皱褶。盖表菌丝平行列。子实层白色、淡黄色。菌管近柄处下陷，管口不规则圆形或多角形；稻草黄色，伤后变蓝。管长 3~8 mm。菌管髓菌丝双叉分。菌柄棒状，等粗，中空或有多个分隔的腔。柄表近白色、淡黄色，较盖表淡，近光滑，30~100×10~30 mm。菌肉乳白色，伤后迅速变蓝，后转红褐色。担子棒状、长棒状，25~40×8.5~12 μm。担孢子椭圆形、卵形，10~11×5~6 μm，稻草黄色。侧缘囊状体和管缘囊状体均呈纺锤形棒状，35~62×8~11 μm。菌丝有锁状联合。

种名释义：cyanescens 希腊文：蓝色的，言菌肉伤后变蓝。

模式产地：原采于高加索，Abkhazia, Saken R.，于 *Fagus orientalis* L. 林下。R. Singer 复采，F. 2623.(FH)。本种广布于欧洲，1891 年后在北美普遍发现。

生境与已知树种组合：常与冷杉属 *Abies*，栎属 *Quercus*，槐属 *Sophora*，鹅耳枥属 *Carpinus* 及金合欢 *Acacia farnesiana*(L.) Willd.等树种相组合。

国内研究标本：湖北：神农架，阔叶林下，26. VIII. 1984. 张小青 360(HMAS 57606)。海南：乐东县，尖峰岭，6. VIII. 1983. 弓明钦 835145(HKAS 22450)。云南：德钦，白马雪山，3700 m. *Abies* 林下，11. VII. 1981. 王立松 827(HKAS 7756)；马关县，老君山，1700 m, 5. VI. 1954. 王庆之 409(HMAS)。

分布：这是一个习见于温带的种，但也见于马来西亚的亚洲季雨林区，云南的南部和北部高山都有其踪迹，其分布面较广，种系间的分化也较大。也记录于辽宁(邵力平等，1997)。

讨论：本菌菌肉伤后变蓝，菌盖菌丝遇梅氏液有深色颗粒呈现。其菌根树种的范围较广，因之其适应的海拔幅度也大。本种可食。

X. 5. 浅蓝圆孔牛肝菌(铅色圆孔牛肝菌)　　图 10：5—8

Gyroporus lividus (Bull.) Sacc., Syll. Fung. **6**: 52. 1888.

—— *Boletus lividus* Bull., Syst. Mycol. **1**: 389. 1821.

—— *Boletus sistotrema* Fr., Syst. Mycol. **1**: 389. 1821.

—— *Boletus brachyporus* Pers., Mycol. Eur. **2**: 128. 1825.

—— *Gyrodon sistotremoides* Opat., Comm. Hist. Nat. Fam. Fung. Bolet., Wiegmaenn's Arch. **2**(**1**): 5.1836.

—— *Boletus runbescens* Trog, Flora **22**(**2**) : 449. 1839.

—— *Boletus lividus* ssp. *alneti* Lindgr., Hymen. Eur. p. 519. 1874.

—— *Boletus lividus* ssp. *labyrinthicus* Fr., Hymen. Eur. p. 519. 1874.

—— *Boletus lividus* var. *rubescens* Quél., Ass. Fr. Avanc. Sci. p. 7.1885.

—— *Uloporus lividus* Quél., Enchir. p. 162.1886.

—— *Uloporus lividus* var. *rubescens* Quél., Enchir. p. 162. 1886.

—— *Gyrodon lividus* ssp. *alneti* Sacc., Syll. Fung. **6**: 52. 1888.

—— *Gyrodon lividus* ssp. *labyrinthicus* Sacc., Syll. Fung. **6**: 52.1888.

—— *Gyrodon rubrescens* Sacc., Syll. Fung. **6**: 52. 1888.

菌盖半圆形，盖径 6~8 cm，盖表土黄色、金黄色、稻草黄色；初微黏，后光滑；盖中央色较浓，盖缘色泽较淡，且呈波纹状。盖表菌丝平行列，较细。菌肉淡黄色，伤后变蓝；无异味，口尝微酸。菌管土黄色、金黄色；近柄处延生，狭长呈褶片状，长 0.5~0.9 cm，阔 0.1~0.2 cm，管高 1.5~1.8 cm，复孔型，老后黄褐色，但不呈深咖啡色。菌管髓菌丝双叉分排列。菌柄棒状，4~5×1~1.5 cm，基部微弯曲，近等粗；较盖色略淡，基部菌丝黄色，柄内空。担子长棒状，20~25×10~13 μm。担孢子短椭圆形，光滑，淡黄色，4.5~6.2×3.5~4.5 μm。侧缘囊状体近棒状，25~35×8~12 μm；管缘囊状体，近纺锤形，30~45×10~14 μm。

种名释义：lividus 拉丁文：铅色的，言菌盖的色泽。

模式产地：欧洲（瑞典或意大利），北美的后选模式藏 SFSU，UCR。

生境与已知树种组合：主要为赤杨属的多种，如 *Alnus nepalensis* D., Don., *Alnus japonica* (Thunb.) Steud.和 *Alnus mandshurica* (Callier) Hand.-Mazz.等相组合。

国内研究标本：云南：勐腊，尚勇，24. IX. 1974. 臧穆 1642（HKAS）。西藏：亚东，阿桑桥，12. VIII. 1975. 臧穆 1745（HKAS）。

分布：主要见于欧洲和亚洲。我国北方，西北的桤木林下有分布。从桤木林的分布而言，四川、甘肃和东北诸省应有浅蓝圆孔牛肝菌的分布。

讨论：本菌除与赤杨属 *Alnus* 有菌根组合关系外，尚与鹅耳枥属 *Carpinus* 有菌根组合关系。

X. 6. 长囊体圆孔牛肝菌　图 10：9—12

Gyroporus longicystidiatus Nagasawa et Hongo, Rept. Tottori Mycol. Inst. **39**: 18.Fig. 15. 2001.

菌盖半圆形，中凸至近平展；表面干燥，橘黄色、橘褐色，中央深褐色，盖缘橘灰褐色；中央有小鳞片和较密的绒毛，向盖缘渐趋稀疏。菌管口乳黄色，管口径 0.3 mm，圆多角形，近柄处狭长形，高 1~1.6 mm，近放射状环生排列。管口后期呈锈褐色，但不呈黑褐色。近柄处的菌管，长 5~8 mm，贴生或微下陷。菌管髓菌丝交织型。菌柄棒状，4~8×1.5~2 cm，表面略粗糙，有散生的绒毛，上部白色，淡橙色，与盖缘色泽相近。菌柄肉海绵质，白色，中空；伤后不变色，无异味。菌柄菌丝白色。担子长棒状，20~40×9~14 μm，具 2~4 枚担孢子。担孢子 7.5~10.5×4.5~6 μm，椭圆形。管缘囊状体近棒状、近纺锤形，顶端微钝，46~95×8~15 μm。侧缘囊状体与管缘囊状体几乎同形。

种名释义：longicystidiatus 拉丁文：longi 长形的，cystidia 囊状体，言子实层面的囊状体较长。

模式产地：日本，鸟取（Tottori）模式存 TMI。

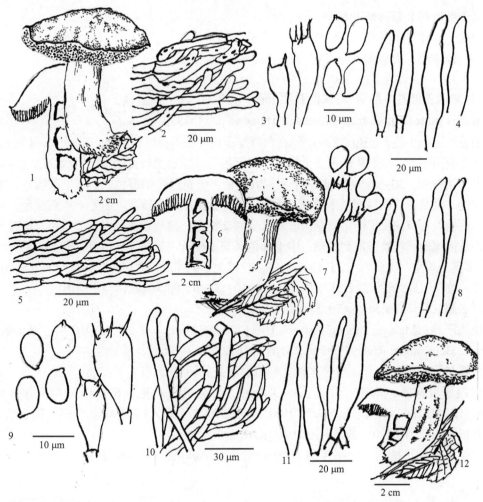

图 (Fig.) 10：1—4. 变蓝圆孔牛肝菌 Gyroporus cyanescens (Bull.) Quél., 1. 担子果 Basidiocarps,
2. 盖表层菌丝 Pileipellis, 3. 担子和担孢子 Basidia and basidiospores, 4. 侧缘囊状体 Pleurocystidia
和管缘囊状体 Cheilocystidia；5—8. 浅蓝圆孔牛肝菌 Gyroporus lividus (Bull.) Sacc., 5. 盖表层菌丝
Pileipellis, 6. 担子果 Basidiocarps, 7. 担子和担孢子 Basidia and basidiospores, 8. 侧缘囊状体
Pleurocystidia 和管缘囊状体 Cheilocystidia；9—12. 长囊体圆孔牛肝菌 Gyroporus longicystidiatus
Nagasawa et Hongo, 9. 担子和担孢子 Basidia and basidiospores, 10. 盖表层菌丝 Pileipellis, 11. 管缘
囊状体 Cheilocystidia, 12. 担子果 Basidiocarps。（臧穆 M. Zang 绘）

生境与已知树种组合：已知与树种如松属 Pinus、栎属 Quercus、山毛榉属 Fagus、
石栎属 Lithocarpus、榛属 Corylus 等相组合。

国内研究标本：湖南：桑植，武陵山，1370 m, 22. VII. 2003. H. C. Wang 344 (HKAS
42460)。台湾：台北，阳明山，周文能 1900 (TNM)。云南：景东，哀牢山，徐家坝，
2000 m, 1. IX. 2000. 王庆斌 827 (HKAS 37430), 828 (HKAS 37432)；东川，1790 m, 4. IX.
2000. 于富强 79 (HKAS 37430)；保山，宝华山，1700 m, 10. IX. 2003. 王向华 1633 (HKAS
44123)；龙陵，一湾水，1700 m, 10. IX. 2002. 张立芬 127 (HKAS 41706)。

分布：现知为东亚的特有种，见于日本的中西部，我国的台湾、西南的亚高山带，

尤多见于针叶林和落叶阔叶林下。

讨论：本种子实层的囊状体较长，是为分类的特征之一。其相组合的树种以桦木科、壳斗科、榛木科，尤以阔叶落叶树为多。故习见于亚高山带。

X. 7. 马来西亚圆孔牛肝菌（马来圆孔牛肝菌）　图 11：5—7

Gyroporus malesicus Corner, Boletus in Malaysia p. 54. 1972.

菌盖原记录小型，盖径仅 2 cm，但在台湾发现该种其盖径可达 5 cm，半圆形，具绒毛，无鳞片，表面平滑；呈烟灰褐色、土褐色、灰紫褐色。盖表菌丝直立呈栅栏状，顶端菌丝呈棒状、纺锤形，30~80×9~22 μm。子实层乳黄色、土黄色、褐黄色，但不呈茶褐色。菌肉淡黄色、乳黄色，伤后变色不明显，无异味，生尝微酸，后转苦。菌管不规则圆形，多角形，近柄处管口狭长形。菌管髓菌丝双叉分和交织型。菌柄棒状，中下部略粗，柄表有绒毛，具模糊的网状纹或散列斑点；中上部色泽与盖相近。基部为乳白色，密被绒毛。柄中空，多室至单室。担子棒状，35~40×10~15 μm。担孢子椭圆形、杏仁形，7.5~11×4.6~6.5 μm。具油滴一枚，明显。管缘囊状体棒状，45~60×10~15 μm。侧缘囊状体与之同形。

种名释义： malesicus，产于马来西亚的。

模式产地： Malaya, Pahang, Fraser's Hill.1300 m, Corner s. n. 25. V. 1930. —— Borneo, Kinabalu, Bembangan River, 1700 m, RSNB 5516, 27. II. 1964。

生境与已知树种组合： 与松林和豆科植物混交林相组合。

国内研究标本： 海南：乐东县，尖峰岭，五分区，林地，6. VIII. 1983.弓明钦 835141（HKAS 22424）；同地，11. V. 1981.弓明钦 J0012（HKAS 22390）。台湾：南投县，惠荪林场，12. VIII. 2001. 陈建明 3019（HKAS 38785）。

讨论： 本种可能与非洲刚果的 *Gyroporus heterosporus* Heinem（1954, 1964）有亲缘关系。

X. 8. 微孢圆孔牛肝菌　图 39：4—8

Gyroporus pseudomicrosporus M. Zang, Acta Botanica Yunnanica **8**⑴: 5. 1986.

菌盖径阔 5~9 cm，中凸，后期平展，表面具绒毛，不黏滑，黄褐色、鹿皮色或淡棕灰色。菌盖肉厚 1~1.5 cm，乳白色、微黄褐色，伤后变蓝；生尝微酸而后甜，闻之微有牛肝菌类的菌香气。子实层面深黄色。菌管长 2~4 mm，黄褐色，管口多角圆形，孔口不甚规则，近柄处狭长形，微下延。孔径 2~4×1~1.5 mm。菌管髓菌丝双叉分。柄中生或偏生，3~5×0.5~1 cm，上部与菌盖相连成倒三角形，中下部等粗呈棒状；中央有不规则的空穴；柄表平滑，无纹饰，有绒毛，黄色、鹿皮色。柄基菌丝乳黄色。担子棒状，28~33×8~12 μm。担孢子 4 枚。担孢子椭圆形、卵圆形，3~4.1×2~2.2 μm，微黄而透明，具 1 油滴。侧缘囊状体和管缘囊状体 18~40×8~15 μm，腹鼓状，有喙或钝圆。

种名释义： pseudo 希腊文：假的，形象的，microsporus 小形孢子，言其担孢子小形。

模式产地： 云南：贡山，独龙江，其期，1900 m, 19. VII.1983. 臧穆 121（HKAS 10660）。

生境与已知树种组合： 生于松林下，以云南松 *Pinus yunnanensis* Fr.和乔松 *Pinus griffithii* Mc Cl.为主。

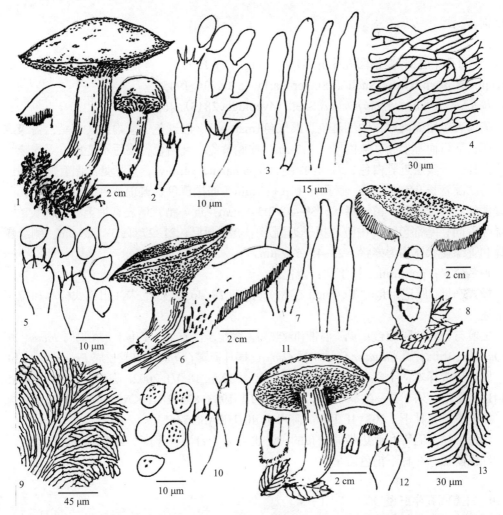

图（Fig.）11：1—4. 沼泽小牛肝菌 *Boletinus paluster*（Peck）Peck, 1. 担子果 Basidiocarps, 2. 担子和担孢子 Basidia and basidiospores, 3. 管缘囊状体和侧缘囊状体 Cheilocystidia and pleurocystidia, 4. 菌管髓 Tubetrama；5—7. 马来西亚圆孔牛肝菌 *Gyroporus malesicus* Corner, 5. 担子和担孢子 Basidia and basidiospores, 6. 担子果 Basidiocarps, 7. 管缘囊状体和侧缘囊状体 Cheilocystidia and pleurocystidia；8—10. 疣孢圆孔牛肝菌 *Gyroporus tuberculosporus* M. Zang, 8. 担子果 Basidiocarps, 9. 菌管髓 Tubetrama, 10. 担子和担孢子 Basidia and basidiospores；11—13. 紫圆孔牛肝菌 *Gyroporus purpurinus*（Snell）R. Singer, 11. 担子果 Basidiocarps, 12. 担子和担孢子 Basidia and basidiospores, 13. 菌管髓 Tubetrama。（臧穆 M. Zang 绘）

国内研究标本：云南：贡山，独龙江，其期，1900 m，松林下，19. VII.1983. 臧穆 121（HKAS 10660）；贡山，独龙江，2000 m，松林下，20. VII. 1983. 张大成 130（HKAS 10669）。西藏：米林，3000 m, 24. VIII.1975. 黄荣福 76（HKAS）。

分布：现知为横断山区和东喜马拉雅山区的特有种。

讨论：本种近似 *Gyroporus castaneus*（Bull.: Fr.）Quél. 但孢子小，且多见于沙岩石缝中，与松树常相组合。另 *Gyroporus castaneus* var. *microsporus* Heinemann，产于非洲，其原名是 *Xerocomus microsporus* R. Singer et Grinling。故本种命名时，种加词加 *pseudo* 以

示区别。

X. 9. 紫圆孔牛肝菌（紫褐圆孔牛肝菌） 图 11：11—13

Gyroporus purpurinus (Snell) R.Singer, Farlowia **2**：236. 1945.

—— *Boletus castaneus* f. *purpurinus* Snell, Mycologia **28**(5)：465. 1936.

菌盖表色浓而肉厚，中性红色、栗红色(maroon)、酒红色、紫褐色，不黏；盖缘或钝或薄，下弯而不上卷。盖肉厚 1.1~5 cm，柠檬黄色、乳白色，伤后不变色；无异味，尝后微甘。子实层近乳白色、石脑油黄色(naphthalene yellow)，近柄处的菌管贴生和近柄下延。菌管长 0.7~1.4 cm，管孔径 1~3 枚/ mm，柠檬黄色、琥珀黄色，色泽明亮。菌管髓菌丝双叉分排列。菌柄棒状，30~40×2.5~8 mm，近等粗，柄表有绒毛，中部较浓，色泽与盖同；基部色淡，中空。担子近圆形、长椭圆形，21~27×11.5~12.5 μm。侧缘囊状体和管缘囊状体均为棒状，23~45×5~7 μm。

种名释义：purpurinus 拉丁文：紫色的。

模式产地：原记录是北美，Snell 在 Mycologia **28**: 465, 1936，未注出模式标本和拉丁文描述。

生境与已知树种组合：见于温带和亚热带。多生于沙质土。多生于无花果属 *Ficus*、栎属 *Quercus*、山麻黄属 *Casuarina*、铁木属 *Ostrya*、鹅耳枥属 *Carpinus* 和樱桃属 *Prunus* 等林下。

国内研究标本：台湾：南投县，惠苏林场，1650 m, 18. VI. 2002. 陈建名 3270(HKAS 41141)。海南：乐东县，尖峰岭，800 m, 4. VIII. 1983. 831018(HKAS 22421)。云南：昆明，黑龙潭，栎林下，10. VII. 1986. 陈可可 40(HKAS 17365)。

讨论：这一温带和亚热带兼分布的种，也习见于台湾、海南、云南等亚热带地区。其紫红色菌盖，在林下艳色纷呈。

X. 10. 白盖圆孔牛肝菌 图 12：1—4

Gyroporus subalbellus Murrill, N. Am. Fl. **9**: 134. 1910.

—— *Suillus subalbellus* Sacc. & Trott., Syll. Fung. **21**: 252. 1912.

—— *Gyroporus roseialbus* Murrill, Mycologia **30**: 520. 1938.

菌盖半圆形，中部凸起，径 4~10 cm，盖表近白色、乳白色、污白色；表面有短绒毛，呈簇间隔散生，小团块方格裂纹状(tessellately rimose)，有时呈块斑凸起，不黏；盖缘微下卷，具不孕性边缘，呈薄膜状。子实层白色、乳白色，老后呈芥子乳黄色(mustard yellow)。菌管长 4 mm，近柄处贴生或下陷。管孔多角圆形，孔径每平方毫米有 2~2.5 枚管口。菌管髓菌丝双叉列或交织型。菌肉白色，有时在近柄处呈鲑鱼肉色(salmoneous)，伤后不变色。无异味，生尝微甜。菌柄棒状，20~80×6~20 mm，柄表与盖色近似，近白色，中空。担子棒状，28~33×8~12 μm。担孢子椭圆状卵形，7.5~14×4~6 μm，淡黄色，脐上压明显。侧缘囊状体和管缘囊状体均为棒状、近纺锤状，40~80×6~20 μm。

种名释义：sub 拉丁文：近似于，albellus 白色的，言菌体近白色。

模式产地：美国：Mississippi, Ocean Springs, 14. IX. 1904. E. S. Earle, No. 203(Holotype: llustration11 NY)。

生境与已知树种组合：与其组合之主要树种：松属 *Pinus*、栎属 *Quercus*，尤多见于亚热带的沙土地，北美见于佛罗里达，我国多见于福建。

国内研究标本：福建：黄岗山，马尾松 *Pinus massoniana* Mast.及杉木 *Cunninghamia lanceolata*(Lamb.)Hook.林下，4. VII. 2000. 钱晓鸣 822023（HKAS）。

分布：从已知的标本记录来看，此种似为北美和东亚的间断分布种，其体形似与 *Gyroporus castaneus*(Bull.: Fr.)Quél.相似。但本种菌体白色，伤后菌肉不变色，可与其分别。

讨论：其菌体的白色形态，较易于与本属的其他种相区别。在亚洲季雨林带的沙壤土上，尤以壳斗科的阔叶长绿林下习见，或可在台、粤、海、桂、滇进一步发现。

X. 11. 疣孢圆孔牛肝菌(千层菌，[腾冲，中和]) 图11: 8—10

Gyroporus tuberculosporus M. Zang,(Fungi of the Hengduan Mountains) p. 277. 1996.

菌盖径 9~10 cm，初中凸，后平展，盖表具绒毛和细茸毛，干，不黏滑，黄褐色、稻草褐色、深肉桂色。盖中央多具深褐色鳞片，后期脱落。盖缘较薄，微上仰。菌管 2~3 枚/ mm^2，长 3~10 mm。管口不规则多角形，口径 0.1~0.2 mm，后期管口黄褐色，但不呈茶黑色，近柄处下陷。菌管髓菌丝有中心束。菌柄柱状或近纺锤形，中空，具多个横隔。菌肉淡黄色、乳白色，伤后不变色，闻之有菌香，尝之微甘，民间入食。担子棒形，顶端较粗，下部细，20~27×8~14 μm。担孢子椭圆形、卵形，孢壁近光滑，有散生的细疣，9~11×5~8.7 μm。管缘囊状体和侧缘囊状体同形，长棒状，30~45×10~16 μm。

种名释义：tuberculo 拉丁文：具疣突的，sporus 孢子。

模式产地：云南：腾冲，中和，阔叶林下，4. VIII. 1977. 黎兴江 425（HKAS 3265）。

生境与已知树种组合：阔叶林下。

国内研究标本：云南：腾冲，中和，阔叶林下，4. VIII. 1977. 黎兴江 425（HKAS 3265）

讨论：仅见于滇西南。可能缅甸、老挝、泰国也有分布。其孢子壁有疣突分化，在牛肝菌科中其孢子时有疣壁和光壁的共有现象，如棘皮绒盖牛肝菌 *Xerocomus mirabilis* Murrill) R. Singer 和台湾纵孢牛肝菌 *Boletellus taiwanensis* M. Zang et C. M. Chen.等均可在同一个菌体上找到光孢和疣孢的现象。

XI. 疣柄牛肝菌属 Leccinum S. F. Gray

Nat. Arr. Brit. Pl. 1: 646. 1821. em. Snell, Mycologia 34: 406. 1942.

Krombholzia Karst., Rev. Mycol. **3**: 17. 1881.(type *K. versipellis* Fr.)non Rupr. ex Galeotti, Bull. Acad.Bruxelles **9**: 247.1844. nec *Krombholzia* Benth., Journ. Linn, Soc. **19**: 121. 1881.

Trachypus Bat., Bolets, p. 12.1908.(lecto-type *Boletus rufus* Schaeffer.: Krombholz, Consp. Fung. Esc. p. 28. 1821.)

Syn. *Leccinum rufum*(Schaeffer)Kreisl, Boletus Schr. Reihe **1**: 30.1984.

菌盖半球形，后近平展，盖表层(epithelium)菌丝多呈球状囊体(spherocysts)单一或单列联成链状。盖表有绒毛；菌丝水平列，黏或光滑；绒毛永存或脱落，老后盖表或龟裂。盖缘多有缘膜。子实层乳黄色、黄色，近柄处下陷。菌管孔径多少于 1 mm。担孢子印橄榄琥珀色、酒褐色。菌管髓菌丝排列多两侧分。菌柄粗大，柱状，柄表有鳞片状突起，多联结成线条状，不呈网状脉络。担子呈棒状。担孢子长圆形、梭形，淡褐色、淡黄褐色。囊状体近棒状、纺锤状。生于针叶林和多种阔叶林下，为外生菌根菌。其有关树种如 *Abies*、*Picea*、*Pinus*、*Quercus*、*Salix*、*Populus* 等。本属多见于我国西南高山，不少种类是美味食用菌，其菌柄的成列深色鳞片与牛肝菌属和乳牛肝菌属 *Suillus* 较易区分，全球广布，约 30 种，我国 23 种。

属名释义：Leccinum 拉丁文：leccina 斑点，言菌柄表有斑点。

属模式种：*Leccinum scabrum*（Bull.: Fr.）S. F. Gray 原记录为欧洲。

原采集地：瑞典，Bruxelles.

疣柄牛肝菌属分种检索表

1. 菌盖表面平滑或近平滑，盖表白色，尤幼时为甚，后期变灰褐至深暗 ······························· 2.

1. 菌盖表面多龟裂凹凸，极少平滑，盖表色泽多样 ··· 6.

　2. 菌盖表灰白色；菌肉白色，伤后不变色或略带褐色 ··· 3.

　2. 菌盖淡褐色、灰褐色；菌肉乳白色，伤后变红色或紫色 ··· 5.

3. 菌肉伤后不变色，仍为白色；担孢子常圆柱形，不对称，12~23×4.2~6 μm ···················
··· **XI. 1. 白盖疣柄牛肝菌 *Leccinum albellum***

3. 菌肉伤后渐变呈灰褐色；担孢子呈阔纺锤形或宽椭圆状球形 ······························ 4.

　4. 担孢子较长大，13~19×4.5~7 μm，呈阔纺锤形 ········ **XI. 22. 近白疣柄牛肝菌 *L. subleucophaeum***

　4. 担孢子较短小，6.5~10×4~7 μm，呈椭圆状球形 ········· **XI. 23. 小疣柄牛肝菌 *L. minimum***

5. 菌肉白色，伤后变红；担孢子 14~20×5~6.5 μm ·········· **XI. 11. 裂皮疣柄牛肝菌 *L. holopus***

5. 菌肉乳白色，伤后变红变紫；担孢子 10~18×4~4.5 μm ········· **XI. 10. 灰疣柄牛肝菌 *L. griseum***

　6. 菌盖硫磺色、橘黄色，具龟裂凹槽；菌柄黄色，具褐色斑点；担孢子 10.5~13×3.5~4 μm ·······
··· **XI. 9. 远东疣柄牛肝菌 *L. extremiorientale***

　6. 菌盖深肉桂色、橘褐色、黄褐色，但不呈硫磺色；担孢子较大 ································· 7.

7. 菌肉色淡，伤后变褐色；担孢子 15~21×5.5~7.5 μm ······· **XI. 21. 粒盖疣柄牛肝菌 *L. subgranulosum***

7. 菌肉白色至黄色，伤后可变多种颜色 ··· 8.

　8. 菌肉伤后变紫色；菌柄表部具深黑色斑点；担孢子 9~13×3~5 μm ·······························
··· **XI.14. 深褐疣柄牛肝菌 *L. nigrescens***

　8. 菌肉伤后变褐色或黄色 ··· 9.

9. 菌肉黄色、橘黄色，伤后不变色或变蓝色；盖表具裂纹；担孢子 12~15×3.5~4.5 μm ···············
··· **XI. 12. 皱盖疣柄牛肝菌 *L. hortonii***

9. 菌肉淡黄色，伤后变酒红色或褐色 ··· 10.

　10. 菌盖表面皱裂 ··· 11.

　10. 菌盖表面平滑 ··· 13.

11. 菌盖具不规则突起，呈云纹状，金黄色或黑褐色，不黏，但有脂质感；担孢子 18~28×9~13 μm
··· **XI.8. 黄皮疣柄牛肝菌 *L. crocipodium***

11. 菌盖皱裂呈不规则块状，微黏，橘褐色、赤褐色 ··· 12.

　12. 菌管髓菌丝双叉列；担孢子 13~16×4~5 μm ·········· **XI. 15. 波氏疣柄牛肝菌 *L. potteri***

Key to species of the genus *Leccinum*

6. Pileus sulphury-yellow, citron-yellow, slightly rugulose. Stipe yellowish, with dirty brown punctates. Basidiospores 10.5~13×3.5~4 μm···**XI. 9. *L. extremiorientale***

6. Pileus dingy-cinnamon to orange-tawny to yellowish-brown, not sulphury-yellow. Basidiospores more larger than above·· 7.

7. Context pallid, slowly becoming brownish when cut. Basidiospsores. 15~21×5.5~7.5 μm ·····················
·· **XI. 21. *L. subgranulosum***

7. Context whitish or yellowish, changing to other distinctly colored when cut······························· 8.

8. Context changing purplish when cut. Stipe with faintly darkish and blackish pruinose. Basidiospores 9~13×3~5 μm···**XI. 14. *L. nigrescens***

8. Context changing yellowish or brown-colored ··· 9.

9. Context yellowish, unchanging or changing blue when cut. Basidiospores 12~15×3.5~4.5 μm ·················
·· **XI. 12. *L. hortonii***

9. Context pallid to yellowish, changing to vinaceous or brown-colored ·································· 10.

10. Pileus rugulose ··· 11.

10. Pileus glabrous ··· 13.

11. Pileus rugulose to pitted, not viscid, but greasy feel. Basidiospores 18~28×9~13 μm ·····················
·· **XI. 8. *L. crocipodium***

11. Pileus breaks up into areolate patches, viscid, orange-tawny or ochraceous-brown ······················· 12.

12. Tube trama bilateral. Basidiospores 13~16×4~5 μm·································**XI. 15. *L. potteri***

12. Tube trama bilateral to paralleloneura.Basidiospores 14~17×4.8~5.2 μm ··········**XI. 18. *L. rugosiceps***

13. Stipes reddish or tawny scabrous dotted or reddish scales······································· 14.

13. Stipes yellowish and rarely reddish dotted, Basidiospores 11~12×4~4.5 μm·····························
·· **XI. 6. *L. brunneo-olivaceum***

14. Context whitish or yellowish, unchanging when cut ······································· 15.

14. Context yellowish or yellowish-brown, changing when cut······································· 16.

15. Stipe deep reddish scabrous.Basidiospores 14~16×4~6 μm ·······································**XI. 17. *L. rubrum***

15. Stipe reddish dotted. Basidiospores 11~14×4~4.5 μm·······································**XI.16. *L. rubropunctum***

16. Pileus beautiful pink, context white to pink. Stipe reddish scabrous dotted. Basidiospores 11~17×4~5.5 μm·······································**XI. 7. *L. chromapes***

16. Pileus reddish-brown, context whitish, stipe brown scabrous dotted. ······································· 17.

17. Pileus dark umber-brown.Context pallid-white, quickly turning blood-red. Stipe reddish-brown dotted, Basidiospores 11~14×5~5.7 μm ·······································**XI. 13. *L. intusrubens***

17. Pileus chestnut, reddish-brown, orange-brown. Context yellowish, stipe with yellowish and cinnamomeous scales ··· 18.

18. Pileus sometimes rugulose. Context yellowish, very rarely bluing on pressure. Stipe mustard-yellow to cacao-brown with squamules. Basidiospores 14~18×3.5~6.5μm·······················**XI. 20. *L. subglabripes***

18. Pileus smooth. Stipe with blackish, yellowish or cinnamomeous squamules······························· 19.

19. Stipe surface with yellowish or cinnamoneous squamules. Basidiospores 14~18×4.5~5.5 μm·················
·· **XI. 5. *L. borneensis***

19. Stipe surface with blackish squamules ·· 20.

   20. Pileus margin scarcely projecting beyond the tubes, almost without the sterile margin............................
·· **XI. 19. *L. scabrum***

   20. Pileus with a distinct sterile margin ··· 21.

21. Pileus pale dull orange-buff. Context whitish, soon blue-green when cut. Basidiospores 13~17×4~5 μm ···
··· **XI. 3. *L. atrostipitatum***

21. Pileus orange or orange-brown. Context changing to vinaceous or fuscous when cut····························· 22.

   22. Pileus ferruginous-red. Basidiospores 13~16×3.5~4.5 μm ··················· **XI. 4. *L. aurantiacum***

   22. Pileus grayish-brown to olive-buff. Basidiospores 14~17×4~5.5 μm ·················· **XI. 2. *L. ambiguum***

XI. 1. 白盖疣柄牛肝菌 (白疣柄牛肝菌)　图 12: 5—8

Leccinum albellum (Peck) R. Singer, Mycologia **37**: 799. 1945.

—— *Boletus albellus* Peck, Rep. N. Y. State Mus. **41**: 77. 1888.

—— *Ceriomyces albellus* Murril., Mycologia **1**: 145. 1909.

    菌盖径 2~6 cm, 半圆形, 后近扁平, 呈白色、灰白色、褐灰白色 (avellaneous white);盖表不黏, 微被白粉 (subpruinate), 平滑。子实层白色、淡灰白色、淡褐白色, 近柄处下陷。菌管长 5~8 mm, 管孔多角形、圆形、不规则多角圆形, 口径 0.4~0.8 mm。孢子印橄榄褐色。菌管髓菌丝双叉列。菌柄棒状, 等粗, 4~9×0.5~1.2 cm, 柄表白色、灰白色;柄表具深褐色鳞片, 上部有时呈网状排列或散生。基部菌丝白色、灰白色。菌肉白色, 不呈黄色, 伤后不变色, 无异味, 生尝微甜。担子棒状、圆柱状, 24~30×10~14 μm。担孢子长柱状, 不甚对称, 12~23×4.2~6 μm。侧缘囊状体纺锤状或具尖, 或呈烧瓶状。管缘囊状体与之同形。

    种名释义: albellum 拉丁文: 白色的, 言菌盖多为白色。

    模式产地: 美国: New York, Sandlake [1887], coll. C. H. Peck (NYS)。

    生境与已知树种组合: 主要是壳斗科植物如栎属 *Quercus*、也见于松属 *Pinus*、高山松 *Pinus densata* Mast 和狭序岩豆藤 *Millettia leptobotrya* Dunn 等根际。

    国内研究标本: 内蒙古: 呼伦贝尔盟, 额尔古额左旗, 落叶松 *Larix gmelini* (Rupr.) Rupr. 林下, 25. VIII. 1990. 杨文胜 (HKAS 23882);大青山, 金銮殿林地, 15. VII. 1988. 刘培贵 446 (HKAS 21371)。四川: 刷经寺, 3400 m, 14. VII. 1001. 袁明生 1379 (HKAS 23868);红原, 刷马路口, 3500 m, 冷杉属 *Abies* 林下, 23. VIII. 1991. 袁明生 1655 (HKAS 23872);松潘, 3000 m, 30. VIII. 1991. 袁明生 1737 (HKAS 23869);茂汶, 1800 m, 松桦林下, 6. IX. 1991. 袁明生 1745 (HKAS 23870)。贵州: 梵净山, 800 m, 阔叶林下, 12. VIII. 1983. 吴兴亮 764 (HKAS 14477)。云南: 香格里拉, 吉沙, 高山栎 *Quercus semicarpifolia* Hand-Mazz. 林下, 26. VII. 1986. 臧穆 10476 (HKAS 17493);西双版纳: 勐海, 曼棍林 (松栎林) 下, 14. X. 1974. 臧穆 2132 (HKAS 2132)。

    分布: 本种是亚洲及南北美兼分布的种, 美国南部见于佛罗里达, 我国南部见于云南的西双版纳, 但主要生于北方和南方高山。其菌盖的白色是林下易于鉴别的特征之一。与之相组合的树种较多, 但似以栎、松为主。

    讨论: 本种分布的南北界线很长, 从北温带到亚热带。并与多种针叶树和阔叶树有菌根组合关系，既有落叶阔叶，也有长绿阔叶树，其适应树种的范围较大，其分布的海拔垂直幅度也较大。

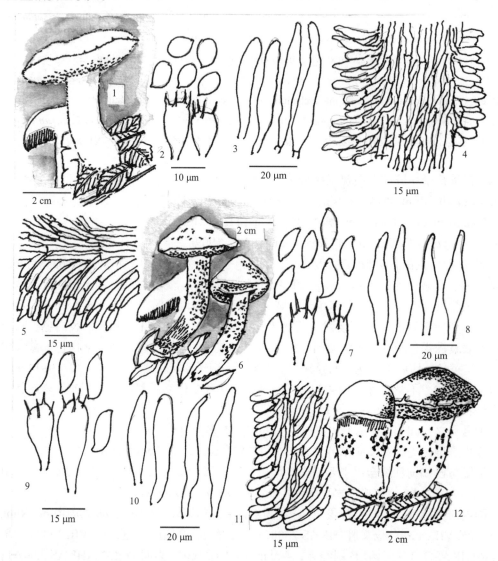

图(Fig.) 12：1—4. 白盖圆孔牛肝菌 *Gyroporus subalbellus* Murrill., 1. 担子果 Basidiocarps, 2. 担子和担孢子 Basidia and basidiospores, 3. 管缘囊状体和侧缘囊状体 Cheilocystidia and pleurocystidia, 4. 菌管髓 Tubetrama.；5—8. 白盖疣柄牛肝菌 *Leccinum albellum* (Peck) R. Singer, 5. 菌管髓 Tubetrama, 6. 担子果 Basidiocarps, 7. 担子和担孢子 Basidia and basidiospores, 8. 管缘囊状体和侧缘囊状体 Cheilocystidia and pleurocystidia；9—12. 易惑疣柄牛肝菌 *Leccinum ambiguum* A.H. Smith et Thires, 9. 担子和担孢子 Basidia and basidiospores, 10. 管缘囊状体和侧缘囊状体 Cheilocystidia and pleurocystidia, 11. 菌管髓 Tubetrama, 12. 担子果 Basidiocarps。（臧穆 M. Zang 绘）

XI. 2. 易惑疣柄牛肝菌　图 12：9—12

Leccinum ambiguum A.H. Smith et H.D. Thiers, The Boletes of Michigan p. 138. 1971.

菌盖径 6~15 cm，初半圆形，后近平展；盖缘有延长的缘膜，老后撕裂；盖表干燥，具压平的纤毛，不具龟裂的纹饰，纤毛排列平展，分布均匀；淡橄榄墨色（olive-sepia）、灰褐色、古铜褐色、古铜暗红色，伤后色变深暗。菌肉近乳白色，伤后初呈淡肉桂色、后转紫丁香色、紫丁香褐色，后转紫蓝色。菌管口淡橄榄褐色，管口较小，孔径 2~3 mm。菌管髓菌丝呈双叉列；近柄处菌管微下陷。菌柄粗棒状，6~15×1~2.5 cm，柄表色泽较盖为淡。具黑色鳞片，鳞片基部往往色淡。担子短棒状 25~30×10~12 μm，透明至微黄色。担孢子近不对称纺锤形，14~17×4~5.5 μm。侧缘囊状体腹鼓状，35~47×9~16 μm，散生。管缘囊状体棒状，腹鼓状，23~32×5~11 μm。未见锁状联合。

种名释义：ambiguus 拉丁文：可疑的，言菌肉伤后变色多端，令人有疑惑之感。

模式产地：美国，Michigan，Spectacle Lake，Chippewa County，13. VII. 1968. H. D. Thiers & W. Patrick（Smith 75571）（SFSU）。

生境与已知树种组合：桦木属，如西桦 *Betula alnoides* Hamilt、矮桦 *Betula potaninii* Batal.；赤杨属，如赤杨 *Alnus japonica* Steud. 等。

国内研究标本：四川：小金，日隆，长坪沟，3400 m，21. VIII. 1996. 袁明生 2478（HKAS 30924）。云南：高黎贡山，丙中洛后山，3010 m, 8. VIII. 1990. 土居祥兑 76.

分布：我国除西南外，东北和西北也有分布，甘肃有记录，未见标本。

讨论：这是一个北温带种，习见于阔叶落叶林下。在我国东北和西北的落叶阔叶林地也应有分布。菌肉可变多种色泽是一特有的特征，其菌体较粗壮，菌柄表的鳞片明显黑色，很像 *Leccinum atrostipitatum*，但后者柄较细长，菌体亦较高大，菌盖缘无明显缘膜。

XI. 3. 黑鳞疣柄牛肝菌　　图 13：1—3

Leccinum atrostipitatum A.H. Smith, H.D. Thiers et R.Watling, Mich. Bot. **5**: 155. 1966

菌盖阔 6~18 cm，半圆形，盖缘具缘膜残存，后期全缘或撕裂；盖表灰褐色、橘褐色、杏黄褐色，后期有粉红色、砖红色、粉褐色的基色；盖表具压伏的绒毛和鳞片，深灰色或深橘褐色。菌肉白色，伤后变微紫色、紫褐色；近柄处的菌肉伤后变蓝色。子实层橄榄褐色、木褐色。菌管长 1~1.5 cm，橄榄褐色、蜜褐色；孔口 0.5~1 mm，不规则圆形，菌管口老后呈黄褐色、深褐色。菌管髓菌丝呈双叉列。菌柄柱状，近等粗，8~15×1.5~2.5 cm，内实，柄表和柄肉均白色，外表被褐色或褐黑色鳞片，鳞片基部呈棉纤维质，不规则排列。孢子印黄褐色，担孢子 13~17×4~5 μm，侧面呈纺锤状，淡黄褐色。担子阔棒状，16~20×8~12 μm，侧缘囊状体，纺锤状，30~40×8~12 μm，多数簇生。管缘囊状体近棒状，腹鼓状，26~35×6~10 μm。

种名释义：atrostipitatum 拉丁文：atro 黑暗的，stipes 柄，言菌柄被黑色鳞片。

模式产地：美国，Sugar Island, Michigan, 27 VII. 1965.A. H. Smith 71885（MICH）。

生境与已知树种：多生于桦木林下，如 *Betula papyrifera* Marsh.、*Betula cordifolia* Regel.、*Betula delavayi* Franch.和 *Alnus nepalensis* D. Don. 等。

国内研究标本：内蒙古：大青山，金銮殿林地，17. VII. 1988. 刘培贵 403（HKAS 21371）。四川：乡城，马鞍山，3300~4000 m, 桦木属 *Betula*, 云杉属 *Picea* 林下，13. VIII. 1981.黎兴江 880（HKAS 7809）；乡城，马鞍山，桦木林，3900 m，黎兴江 881（HKAS

7810）。云南：龙陵县城南 9km，1700 m，21. VIII. 2002. 杨祝良 3596（HKAS 41693）；龙陵，鸡星山，2030 m, *Lithocarpus* 林下，31. VIII. 2002. 杨祝良 3597（HKAS 41469）。西藏：（邵力平等，1997）。

    分布： 见于亚洲，欧洲和北美洲的温带，兼分布到亚热带北缘。

    讨论： 主要与桦木属有菌根组合关系，也兼与桤木属 *Alnus* 有菌根组合关系。本种与美洲分布的 *Leccinum testaceoscabrum*（Secretan）R. Singer 种形态相近似，但后者菌肉伤后多变红色，故可区分。

XI. 4. 橙黄疣柄牛肝菌 （黄癫头[云南]） 图 13：4—6

Leccinum aurantiacum（Bull.）S. F. Gray, Nat. Arr. Brit. Pl.1: 646. 1821.

—— *Boletus aurantiacus* Bull.: St. Amans Fl. Ang. p. 555. 1821.

—— *Krombholzia aurantiaca*（Roques）Gilb., Boletus: p. 182. 1931.

—— *Krombholzia versipellis* Karst., Rev. Mycol. **III（9）**: 17. 1881.

    菌盖半圆形，盖径 8~20 cm，盖缘无明显的缘膜，成熟后全缘或撕裂；盖表干燥，粗糙不平，具压扁的绒毛和鳞片；盖中央呈褐橘黄色、杏褐色，盖缘色泽渐淡；绒毛橙褐色，皱缩不平滑，少平滑，有时微黏；盖表橙褐色、黄褐色、砖红色。菌肉白色，伤后酒褐色、灰褐色；近柄处的菌肉近褐色或微蓝色。子实层白色，后期黄色、淡木褐色。菌管长 1~2 cm。菌孔小到中等大小，径 3~5 mm，不规则圆形，近柄处多角形，微下陷。菌管髓菌丝双叉列。菌柄多肥大，粗壮，10~16×2~3 cm，基部粗达 2.5 cm，中上部，几等粗；柄表近白色，被有褐黑色的鳞片及棉絮状绒毛。担子近圆形、长圆形，阔 8~9 μm。担孢子不对称纺锤状，13~16×4~5 μm，脐下压明显。孢子印黄褐色。侧缘囊状体纺锤状，35~60×8~12 μm。管缘囊状体近棒状，18~26×5~8 μm。

    种名释义： aurantiacun 拉丁文：金黄色的，言菌盖早期呈橙黄色。

    模式产地： 美国：New York, Huntington Forest, Adirondacks, Singer 256（FH）。

    生境与已知树种组合： 生于多种林下，如松属 *Pinus*、云杉属 *Picea*、桦木属 *Betula* 和栎属 *Quercus*，等。

    国内研究标本： 吉林：长白山自然保护区，塞葱沟，740 m, 18. VIII. 1990. 王柏 90502（HKAS 23020）；同地，18. VIII. 1990. 王柏 9501（HKAS 23028）。内蒙古：大青山，松林下，900 m, 15. VIII. 1962. 臧敏烈，101（南京师范大学生物系标本馆）；大青山，旧窝铺林地，20. VII. 1988. 刘培贵 232（HKAS 21373）。陕西：秦岭，太白山，23. VII. 1957. 黎兴江 35（南京师范大学生物系标本馆）。福建：福州，山地，29. VII.1975. 谭惠慈 2701（HKAS 10266）。海南：乐东，尖峰岭，900 m, 21. VIII. 1999.袁明生 4371（HKAS 34814）；同地，袁明生 4284（HKAS 34859）。四川：米易，普威，2000 m,1. VIII. 1986. 袁明生 1242（HKAS 18411）；康定，之巴，3100 m，冷杉属 *Abies* 林下，27. VIII. 1984.袁明生 851（HKAS 15542）；乡城，桑堆，3800 m，冷杉属 *Abies* 林下，2. VIII. 1984.袁明生 459（HKAS 15642）；西昌，螺髻山，3500 m, 9. VII. 1983.袁明生 4（HKAS 11822）；稻城，31. VII. 1983.宣宇 272（HKAS 12313）；木里，鸭嘴林场，康马，冷杉林下，3600 m, 21. VIII. 1983.陈可可 728（HKAS 13221）；盐源，瓜别，3500 m, 26. VII. 1983.陈可可 428（HKAS 13263）；阿坝，黑松林，3300 m, 20. VIII. 1991.袁明生 1618（HKAS 23866）；小金，西河

口，3200 m, 9. VIII. 1991.袁明生 1526（HKAS 23867）；理县，米亚罗，2900 m, 12. VII. 1991.
袁明生 1358（HKAS 23865）。云南：高黎贡山，片古冈，27. VII. 1978.臧穆 4107（HKAS）；
同上，臧穆 4111（HKAS）；江城：红疆，1400 m, 6. VIII. 1991.杨祝良 1398（HKAS 23756）；
腾冲，大薲坪，2800 m, 12. VIII. 1977.黎兴江 701（HKAS 3590）；德钦，白马雪山，3750 m,

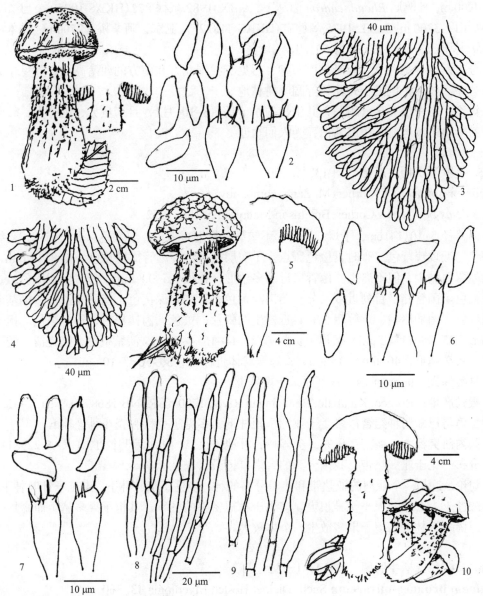

图（Fig.）13：1—3. 黑鳞疣柄牛肝菌 Leccinum atrostipitatum A.H. Smith, H.D. Thiers et R. Watling,
1. 担子果 Basidiocarps, 2. 担子和担孢子 Basidia and basidiospores, 3. 菌管髓和囊状体 Tubetrama
with cystidia；4—6. 橙黄疣柄牛肝菌 Leccinum aurantiacum（Bull.）S. F. Gray, 4. 菌管髓 Tubetrama,
5. 担子果 Basidiocarps, 6. 担子和担孢子 Basidia and basidiospores；7—10. 婆罗洲疣柄牛肝菌
Leccinum borneensis（Corner）M. Zang, 7. 担子和担孢子 Basidia and basidiospores, 8.菌盖表层菌丝
Pileipellis, 9.囊状体 cystidia, 10. 担子果 Basidiocarps。（臧穆 M. Zang 绘）

云杉属 *Picea* 及冷杉属 *Abies* 林下，12. VII. 1981. 黎兴江 854（HKAS 7783）；香格里拉，碧塔海，3600 m，高山松 *Pinus densata* Mast. 及云杉属 *Picea* 林下，22. VI. 1981.黎兴江 2083（HKAS 8704）；潞西，江东，1900 m, 31. IV. 1979. 郑文康 77083（HKAS 4853）。西藏：扎木林场，3600 m，冷杉属 *Abies* 林下，13. IX. 1976.臧穆 892（HKAS）；日东，布劳龙，4200 m，杜鹃属 *Rhododendron* 灌丛下，9. IX. 1982.臧穆 872（HKAS 10750）；亚东，阿桑后山，3200 m, 3. VI. 1975.陶德定（HKAS 11822）；亚东，阿桑桥，2700 m，桦木属 *Betula* 林下，3. VI. 1975.臧穆 50（HKAS）。

分布：本种是一个北温带的广布种，习见于我国北方和南方的西南高地，除见于暗针叶林和松林外，也见于壳斗科等阔叶树林地。

讨论：本种是美味食用菌，其生长的季节长（8~10 月），且产量大，菌体大，较干燥，易于短距离运输，菌肉洁白，受人们欢迎。

XI. 5. 婆罗洲疣柄牛肝菌　图 13：7—10

Leccinum borneensis (Corner) M. Zang, comb. nov.

—— *Boletus borneensis* Corner, Boletus in Malaysia, p. 106. 1972.

菌盖径 5~10(14) cm，干燥，平滑，不皱裂，具细短绒毛；栗褐色、褐肉桂色，盖缘赭褐色、近玫瑰紫色，有时具橙色斑点。子实层淡黄色。菌管橄榄黄色，长 8~12 mm，近柄处弯而贴生，但不离生。菌管口近圆多角形，孔径 0.5~0.8 mm，老后呈黄褐色，不变黑褐色。菌管髓平行列近双叉分。菌肉淡黄色，近柄处深黄色，伤后变蓝色。柄基菌肉呈红色。菌柄棒状，近等粗，表具近横生的鳞片，黄色、肉桂褐色，不呈黑色。担子椭圆形，25~38×11~12 μm。担孢子长椭圆形，14~15×4~5 μm，淡紫褐色，壁光滑。侧缘囊状体狭纺锤形，40~60×9~14 μm。管缘囊状体近棒状，30~50×7~10 μm。

种名释义：borneensis，言其原采于婆罗洲。

模式产地：Borneo, Kinabalu, Bembangan River, 1700 m, RSNB 1868. 19. VIII. 1961。

生境与已知树种组合：多生于亚洲季雨林下，多见于豆科和壳斗科等林下。

国内研究标本：海南：乐东，尖峰岭，林地，11. V. 1981.弓明钦 17（HKAS 22381）。

分布：见于亚洲热带，我国台湾的台南有记录，未见标本。

讨论：这是一个亚洲的亚热带和热带分布的种。多见于阔叶林下，未见于针叶林下。多为酸性土。个体的大小差异很大。多生于林冠密集的林下，其担子果多丛生而密集，在林冠稀疏的林下，担子果多散生，个体较大。

XI. 6. 橄榄色疣柄牛肝菌　图 14：1—3

Leccinum brunneo-olivaceum Snell, Dick et Hesler, Mycologia **43**: 360. 1951.

菌盖中部凸起，半圆形，黏至微黏，中央平滑，盖缘有绒毛，盖径 5~9 cm，淡褐橄榄色，明亮而不深暗。菌肉黄色，伤后微显红色，有菌香气，生尝微甜。子实层黄色。菌孔近圆形、多角形，孔阔 2~3 mm，长 4~10 mm，深黄色，伤后变色不明显。菌管髓菌丝双叉分及平行列。菌柄棒状，近等粗，4~8×0.7~1.2 cm。柄表褐黄色，具琥珀锈色；具褐黑色鳞片，呈不规则麸片状。担子棒状长圆球形。担孢子椭圆球形，近腹鼓形，不对称，10~13×3.5~4.5 μm。囊状体短棒状，分化不明显。较营养菌丝略粗。

种名释义：brunneo-olivaceus 拉丁文：褐–橄榄色，言菌盖的色泽。

模式产地：美国，Mt. Le Conte, Great Smokies National Park, Tennessee, Hesler, 13868（Herb. Univ. Tenn.）; Bolete Herb. WHS 1969（Isotype）。

生境与已知树种组合：多生于栎属 *Quercus* 林下。美洲如 *Quercus laevis* Walt.，我国如 *Quercus acutissima* Carr.。

国内研究标本：湖北：神农架，7. VII. 1981.卢曼丽 4（HKAS 13868）。

分布：该种除北美东北部栎树林下和我国华中有记录外，再未见其他地区有记录，但从树种和地域因子分析，我国华东应有分布。

讨论：已知所共生的树种除栎属外，尚应有松属。在松栎混交林下，应是适合的环境。

XI. 7. 红鳞疣柄牛肝菌　图 14：4—6

Leccinum chromapes（Frost）R. Singer, Amer. Midl. Nat. **37**: 124. 1947.

—— *Boletus chromapes* Frost, Bull. Buff. Soc. Nat. Sci. **2**: 105. 1874.

—— *Tylopilus chromapes*（Frost）Smith et Thiers, The Boletes of Michigan p. 92. 1971.

菌盖半圆形，5~15 cm。后期近平展，盖缘全缘而完整，盖表光滑，很少有不平的皱突，干燥，有短绒毛，或呈簇生的绒团，少有凹陷的斑点（pitted），成熟后多平滑，艳粉红色、紫色，有时散布玫瑰红色晕斑，淡浓兼有，或呈褪色的皮革红色。菌肉粉白色，伤后呈淡红或淡黄色，或变色极缓慢；闻之无异味，尝之微酸。菌管长 5~12 mm，白色至淡黄色，后期木褐色；孔径 2~3 / mm。孔口圆多角形。菌管髓菌丝平行交织列。菌柄棒状，表部有鳞片，红色、锗红色、深红色。菌柄近菌管处微下陷或近贴生。担子圆球形棒状，28~36×9~12 μm。担孢子长圆球形、棒形，两侧不对称，11~17×4~5.5 μm。孢壁表具胶质鞘。囊状体均呈纺锤形，顶端较钝，密集着生。

种名释义：chroma 希腊文：有色的，ipes 在表面的，言柄表有红色至深色的鳞片。

模式产地：美国：Vermont, Brattleboro, coll. C. C. Frost, VT 3123（Lectotype: VT）。

生境与已知树种组合：多见于杨属 *Populus*、松属 *Pinus*、柳属 *Salix* 和栎属 *Quercus*. 等林下。

国内研究标本：福建：三明，边宁，7. IX. 1986.胡美蓉 2（HKAS 18730）。贵州：江口，梵净山，黑湾河，700 m，锥属 *Castanopsis* 及柃属 *Eurya* 林下，1. VII. 1988.臧穆 11429（HKAS 20806）；梵净山，16. VII. 1983.吴兴亮 836（HKAS 14494）。四川：盐源，瓜别，3500 m, 26. VII. 1983. 陈可可 431（HKAS 13343）；乡城，马鞍山，4000 m, 13. VII. 1981.黎兴江 878（HKAS 7807）；稻城，巨龙，松栎林下，3600 m, 5. VIII. 1984. 袁明生 503（HKAS 15653）；雅江，剪子湾山，6. VIII. 1983. 宣宇 379（HKAS 12411）；木里，东朗，3500 m, 9. IX. 1983.王立松 86（HKAS 12541）；西昌，螺髻山，牛打棚，2100 m, 19. VII. 1992. 孙佩琼 1840（HKAS 25661）；螺髻山，2100 m, 袁明生 57（HKAS 11844）。云南：晋宁，2100 m, 2. IX. 1985. 郭秀珍 85004（HKAS 14708）；剑川，老君山，3500 m, 柳属 *Salix* 林下，15. VIII. 2000.杨祝良 2926（HKAS 36572）；同地，长苞冷杉 *Abies georgei* Orr. 林下，13. VIII. 2000. 杨祝良 2907（HKAS 36575）；香格里拉，大雪山，3700 m，栎属 *Quercus* 与冷杉属 *Abies* 林下，24. VIII. 2000，杨祝良 3006（HKAS）；丽江，玉龙山，黑

白水，云杉属 *Picea* 林下，7. IX. 1986.臧穆 10788（HKAS 17838）。

分布：分布于东亚和北美。见于针阔叶混交林带。

讨论：其菌柄表面的红色鳞片是一特征；菌管髓菌丝多为平行交织型，易于与其他种区分。

XI. 8. 黄皮疣柄牛肝菌（黄癞头[云南]；黄荞巴[四川]） 图 14：7—9

Leccinum crocipodium（Letellier）R. Watling, Trans. Bot. Soc. Edinb. **39**: 200. 1961.

—— *Boletus crokipodius* Letellier, Champ. p. 666. 1838.

菌盖阔 4~7.5 cm，顶部初钝圆，后半圆近平展；盖缘下展，紧包菌管，表面不黏，但手摸偶具脂质感，盖表具不规则突起脊，呈云纹状，突脊间有下陷的坑洼（pitted），后者呈黑褐色；菌盖表金黄色、朱黄色、玉米黄色、砖黄色，老后黄褐色。菌肉淡黄色，伤后渐呈酒褐色,肉质脆,有菌香气,嚼后微甜。子实层淡橄榄黄色、黄色。菌管长 1~2 cm。管口黄至灰褐色，孔径 2 / mm。菌管髓菌丝双叉列，有中心束。菌管近柄处微下陷。柄粗柱状，基部多加粗，微弯曲。菌丝黄色，5~8×1~2 cm。柄表具散生或纵列的斑点，或呈鳞片状，褐红色。菌柄表呈藏红花色、砖红褐色。担子短圆棒状，20~28 × 9~13 μm。孢子近纺锤形，两侧不对称，14~20×6~9 μm。侧缘囊状体少见。管缘囊状体纺锤形，有长尖，18~36×6~12 μm。

种名释义：crocipodium 拉丁文：croci 藏红花色状的，podium 足，言菌柄呈藏红花色。

模式产地：本种原描述于法国，当时未指明具体标本，只指出很近似 *Leccinum rugosiceps* Peck，但本种担孢子较阔。本种经 Watling 于 1961 年研究，其原模式为裸名（Nom. nud.），其代模式存 IMI。

生境与已知树种：多见于栎属 *Quercus* 和松属 *Pinus* 林下。如高山松 *P. densata* Mast.。

国内研究标本：福建：清流，15. VII. 1958. 胡美蓉 101（三明）。四川：螺髻山，2100 m，6. VIII. 1983. 袁明生 57（HKAS 11844）；盐源，3100 m, 20. VII. 1983.袁明生 257（HKAS 13236）；稻城，巨龙，针叶林下，3700 m, 7. VIII. 1985.袁明生 524（HKAS 15676）；青川，新光，松林下，650 m, 3. IX. 1986. 袁明生 1073（HKAS 15913）；同上，袁明生 1092（HKAS 15912）。贵州：梵净山，16. VII. 1983. 吴兴亮 836（HKAS 14494）；正安，VII. 1983.吴兴亮（HKAS 14515）。云南：晋宁，2100 m, 2. IX. 1985. 郭秀珍 85004（HKAS 14706）；邱北，文笔山，松林和油杉 *Keteleeria evelyniana* Mast.林下，5. VIII. 1977. 臧穆 2792（HKAS）； 广南，1450 m, 28. VII. 1983. 郑文康 8231（HKAS 12043）；腾冲，明光，松林下，3. VIII. 1980 臧穆 6383（HKAS）；思茅（普洱），菜阳河，1400 m,16. VI. 2000. 臧穆 13335（HKAS 36165）。西藏：墨脱，3100 m, 20. VIII. 1983. 苏永革 64（HKAS 16472）。

分布：欧亚美的松栎林下，普遍分布。菌体大，生长期长，且是美味食用菌。我国分布亦很普遍，尚记录于湖北、台湾、湖南、广西等（邵力平等，1997）。

讨论：本种的菌盖不平而凹陷，菌盖色泽橙黄明亮，菌肉洁脆。且分布面广，西南地区的秋夏市场较为习见，其与 *Leccinum nigrescens*（Richon & Roze）R. Singer 可能为一种，另外与 *Leccinum tesselatum*（Kuntze）Rauschert 是否也是同物异名，均有不同意见和存疑。根据我国标本和地域的不同其分化也很大，该种的分化现象极为丰富，有待深入

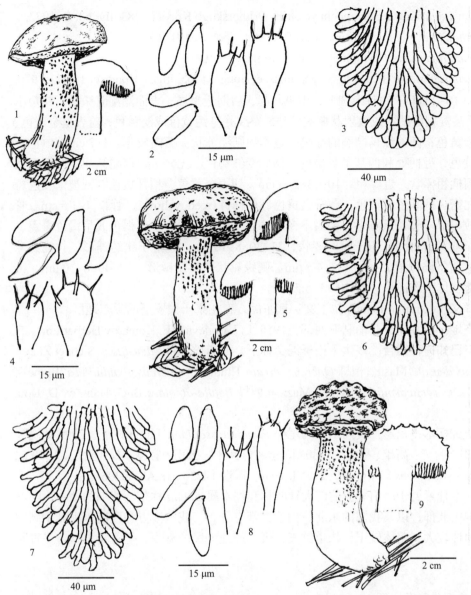

图（Fig.）14：1—3. 橄榄色疣柄牛肝菌 Leccinum brunneo-olivaceum Snell, Dick et Hesler, 1. 担子果 Basidiocarps, 2. 担子和担孢子 Basidia and basidiospores, 3. 菌管髓和囊状体 Tubetrama with cystidia；4—6. 红鳞疣柄牛肝菌 Leccinum chromapes（Frost）R. Singer, 4. 担子和担孢子 Basidia and basidiospores, 5. 担子果 Basidiocarps, 6. 菌管髓 Tubetrama；7—9. 黄皮疣柄牛肝菌 Leccinum crocipodium（Letellier）R.Watling, 7. 菌管髓和囊状体 Tubetrama with cystidia, 8. 担子和担孢子 Basidia and basidiospores, 9. 担子果 Basidiocarps。（臧穆 M. Zang 绘）

其不同海拔，具体树种，找出其不同形态特征，作较深入的比较。

XI. 9. 远东疣柄牛肝菌　图 15：1—3

Leccinum extremiorientale（L. Vass.）R. Singer, The Agaricales in Modern Taxonomy, p. 788, 1986.

—— *Vassilieva agarikovye* Shlyapochnye Griby Primorskogo Kraya p. 283. fig. 63, B, 1973.

—— *Krombholzia extremiorientalis* L.Vass.Bot. Mat. Spor. **6:** 191. 1950.

—— *Leccinum nigrescens* (Richon et Roze) R. Singer, 1960.

—— *Leccinum rugosiceps* (Peck) R. Singer, Imaz. et Hongo, 1965; Imaz., Hongo et Tubaki, 1970.

菌盖径 10~20 cm。幼时半圆形，中央凸起，后期近平展；表面潮湿时微黏，具短小绒毛，具不甚规则的凹穴或放射状撕裂纹条，裂纹处呈污黄色或淡黄色；盖表呈金黄色、橙黄色、朱黄色；菌盖缘具撕裂的缘膜，呈不规则流苏状。菌肉较厚，1~2 cm，白色、乳黄色、黄色，近柄处和柄基呈灰褐色，伤后变红褐色，无异味，口嚼微甜。菌管近柄处下陷。菌柄粗棒状，近等粗，10~13×2~3 cm。柄表金黄色、稻秆黄色，密被朱红色斑点，柄基尤密。柄基菌丝黄色。菌管金黄色、芦秆黄 (reed yellow)，管长 1~1.5 cm。管口 10~12 枚/ cm。管口近圆形，伤后不变色，后期色泽变深，呈赭褐色或呈褐色斑点。菌管髓菌丝双叉分排列。担子短圆棒状，21~30×8~10 μm。担孢子狭纺锤形、长椭圆球形，壁薄，脐下陷明显，10~14×3~4.5 μm。侧缘囊状体狭纺锤形，23~40×6~10 μm，密集。管缘囊状体狭纺锤形，25~45×3~5.5 μm。

种名释义: extremiorientale 拉丁文：远东的，言初采于俄罗斯的远东地区。

模式产地: 俄罗斯，西伯利亚西部，1950. L. Vasslieva (LE, Komarov Herbarium)。

生境与已知树种组合: 多生于松栎混交林下，如赤松 *Pinus densiflora* Sieb. et Zucc.、高山松 *Pinus densata* Mast.、枹栎 *Quercus serrata* Thunb. (= *Quercus glandulifera* Blume)、高山栎 *Quercus semicarpifolia* Handel-Mazz.和西桦 *Betula alnoides* Buch-Ham. ex D. Don. 等树种林下。

国内研究标本: 福建：黄冈山，马尾松 *Pinus massoniana* Lamb.林下，2000.钱晓鸣 822008 (AU)。台湾：高雄，松林，1980. 陈建名 (TNM)。云南：宜良，石林附近，1600 m，云南松 *Pinus yunnanensis* Fr.林下，29. VI. 1996. 臧穆 12756 (HKAS 30206)。

讨论: 本种习见于西伯利亚的广大针叶林和桦木属 *Betula* 林带，亚洲的蒙古，朝鲜半岛，日本中北部，以及我国的东北、内蒙古都有分布。我国南方和西南，则见于高山带。由于菌体较大，菌体较干，味道鲜美，极受产地人民的喜爱，是每年夏秋备受青睐的食用菌。

XI. 10. 灰疣柄牛肝菌　图 15：4—6

Leccinum griseum (Quél.) R. Singer, Roehringe II : 89. Pl. 21.1967.

—— *Gyroporus griseus* Quél. Assoc. Fr. Av. Sc. (1901): 495.1902.

—— *Boletus griseus* (Quél.) Sacc. et D. Sacc., Syll. Fung. 17: 100. 1905. non Frost in Peck, 1878.

菌盖阔 3~9 cm，盖中央凸起，有时呈脐突状，后期近平展；盖缘不下延，偶微下延；盖表灰色、暗灰褐色、黄褐色、茶褐色，不平滑，具粗糙的皱褶或凹槽；表面有绒毛。在裂缝处，菌肉呈淡白色、粉白色，与深色的盖表相映成网络状、龟裂纹状，老后菌盖呈黑褐色。菌肉松软，伤后呈榛褐色 (avellaneous)。菌管长 10~20 mm，幼时淡黄色，后木黄色、木褐色，伤后微蓝，即转褐色。菌管髓菌丝双叉分列。担子圆棒状，26~32×9~12 μm。担孢子近纺锤状，不对称，11~15×4~5.5 μm。侧缘囊状体纺锤状，顶尖较钝，30~42×9~14 μm。管缘囊状体略长于侧缘囊状体。未见锁状联合。

种名释义：griseus 拉丁文：灰色的，来自古高地德语 greis 灰色的，言菌表多灰褐色。

模式产地：欧洲。

生境与已知树种组合：与其共生的主要树种有鹅耳枥属 Carpinus，杨属 Populus，栎属 Quercus，桦木属 Betula，及水青冈属 Fagus 等多属的树种。

国内研究标本：吉林，长白山，王柏，90539(HKAS 23021)；同地：2. VII. 1965 谭惠慈 605(HKAS 10259)。贵州：宽阔水，林下，VII. 1993. 吴兴亮 3742(HKAS 29209)。四川：威远，新场，700 m，松属 Pinus 林下，13. VII. 1985. 袁明生 1064(HKAS 15888)；乡城，马鞍山，4000 m, 13. VIII. 1981.黎兴江 2077(HKAS 8694)。云南：德钦，白马雪山，3300 m，光叶高山栎 Quercus rehderiana Handel-Mazz.林下，6. VIII. 1981. 王立松 124(HKAS 8696)；龙陵，庙房，2100 m，栎属 Quercus 林下，杨祝良 3317(HKAS 41386)；龙陵，天宁乡，石栎属 Lithocarpus 林下，28. VIII. 2002. 杨祝良 3325(HKAS 41394)；梁河，勐宋寨，栎林下，1. VIII. 1977. 黎兴江 12331(HKAS 3155)。

讨论：本种的菌根树种较为广泛，多见于北温带地区，内蒙古和东北诸省应有分布。我国西南则见于高山地带。

XI. 11. 裂皮疣柄牛肝菌（棘皮疣柄牛肝菌）　图 15：7—10

Leccinum holopus (Rostk.) R. Watling, Trans. Brit. Mycol. Soc. **43**: 692.1960.

—— *Boletus holopus* Rostk. in Sturm, Deutschl. Fl. **2(3)**: 131. 1844.

—— *Leccinum niveum* (Fr.) Rauschent, Nova Hedwigia **45**: 503. 1987.

菌盖阔 3~10 cm，盖中央初呈半圆形突起，后趋平展；盖缘呈波状膜质延伸，幼时盖表微黏，后趋光滑，有时近中央处具不规则凹陷或裂纹，盖表有压扁的绒毛；盖表色淡，近白色、水泡白色、橄榄褐色、酒褐色，稀有豆绿色。菌肉白色，伤后污白色、淡褐色，闻之和口尝无异味。子实层黄至木褐色。菌管长 1~2.5 cm，近柄处贴生或微下延。管孔初为白色，后木褐色、黄褐色。菌管髓菌丝近平行列有中心束。菌柄棒状，近等粗，8~14×1~2 cm。柄表污白色、褐色，具深褐色至黑色的鳞片，中部呈麦麸状或呈棘皮状，菌柄基部有时呈绿色、蓝色。担子棒状，26~32×8~11 μm。担孢子近纺锤状，26~32×8~11 μm。脐上压下陷，两侧不甚对称，近肉桂色。侧缘囊状体纺锤形，28~36×9~12 μm。管囊状体近棒状，28~40×8~10 μm。未见锁状联合。

种名释义：holo 拉丁文：holig 乌贼鱼色的，ops 希腊文：模样，言菌柄表部具褐色的鳞片。

模式产地：原模式是欧洲。该种等级下发表很多变种，如 var. *americanum* Smith et Thiers 的模式 Smith 75105，存 Herb. Univ. Mich.。

生境与已知树种：生于泥炭藓属 Sphagnum 沼泽地中，树种如赤杨属 Alnus、桦木属 Betula、侧柏 Thuja occidentalis L.等。

国内研究标本：福建：建宁，闽江源，16. VII. 2000.黄年来 719(HKAS 39522)。

讨论：本种多见于冷湿的环境，为泛北温带种。我国西藏，云南，四川均有分布。

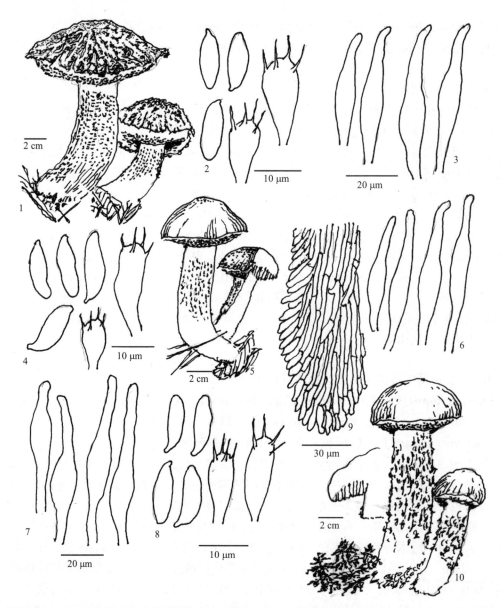

图(Fig.)15：1—3. 远东疣柄牛肝菌 *Leccinum extremiorientale*（L. Vass.）R. Singer, 1. 担子果 Basidiocarps, 2. 担子和担孢子 Basidia and basidiospores, 3. 囊状体 Cystidia；4—6. 灰疣柄牛肝菌 *Leccinum griseum*（Quél.）R. Singer, 4. 担子和担孢子 Basidia and basidiospores, 5. 担子果 Basidiocarps, 6. 囊状体 Cystidia；7—10. 裂皮疣柄牛肝菌 *Leccinum holopus*（Rostk.）R. Watling, 7. 囊状体 Cystidia, 8. 担子和担孢子 Basidia and basidiospores, 9. 菌管髓 Tubetrama, 10. 担子果 Basidiocarps。（臧穆 M. Zang 绘）

XI. 12. 皱盖疣柄牛肝菌　图 16：1—4

Leccinum hortonii（A.H. Smith et H.D. Thiers）Hongo et Nagasawa, Rept. Tottori Mycol.Inst.
　　（Japan）**16**: 50.1978.

—— *Boletus hortonii* Smith et Thiers, The Boletes of Michigan, p. 319. 1971.

—— *Boletus subglabripes* var. *corrugis* Peck, Bull. N. Y. State Mus. **2**(**8**): 112.1889.

——*Leccinum subglabripes*(Peck) R. Singer sensu Hongo et Nagasawa, Rept. Tottori Mycol. Inst.(Japan)**12**: 36.1975.

菌盖宽 5~12 cm，中央微凸，呈半圆形，凸凹不平，呈火山口状，赭红色、朱褐色、土红色、灰褐色；菌盖缘无延长的缘膜；菌盖表部菌丝，基部圆形，顶部呈丝状。菌肉淡黄色，伤后微红，有时呈蓝色；无异味，生尝微苦而涩。菌管黄色，长 8 mm。管孔圆多角形，18~20 孔/cm，伤后变蓝。菌管髓菌丝呈平行列中央双叉分。菌柄粗棒状，近等粗，6~10×1~2 cm。柄表淡黄色，被糠麸状褐色鳞片。担子圆球形棒状，20~30×8~10 μm。担孢子长纺锤形，脐上压明显。12~15×3.5~4.5 μm，两侧不甚对称。侧缘囊状体纺锤形，32~40×7~12 μm。管缘囊状体呈粗纺锤状，35~45×12~16 μm。未见锁状联合。

种名释义：hontonii，为纪念北美真菌爱好者 Honton，汉名言其菌盖多具凹陷皱缩。

模式产地：本种根据 *Boletus subglabripes* var. *corrugis* Peck 归入此种，其原产地是美国 New York, Fulton County, Caroga, VII. 1885. C. H. Peck(NYS)。

生境与已知树种组合：多见于阔叶落叶树下，如 *Quercus*, *Betula papyrifera* Marsh.、*Populus grandidentata* Michx., *Alnus* 等。

国内研究标本：四川：木里，鸭嘴林场，3000 m, 20. VIII. 1983.陈可可 648(HKAS 1241)；西昌，2200 m, 3. VIII. 1992.孙佩琼 1916(HKAS 25633，25635)。云南：德钦，3850 m, 4. IX. 1983.郑文康 83108(HKAS 12083)。

分布：这是一个北美东北部和我国以及朝鲜半岛、日本分布的种，主要见于北温带阔叶林带。我国也见于西藏(邵力平等，1997)。

讨论：本种的菌盖具凹凸不平的表面，与下列属种有类似处，如 *Aureoboletus reticuloceps* M. Zang、*Aureoboletus thibetanus*(Pat.)Hongo et Nagasawa、*Leccinum rugosiceps*(Peck) R. Singer，但本种的菌盖表面菌丝的基部是圆球形，而顶端细胞呈长丝状，这是可以区别于以上种类的一个特征。

XI. 13. 变红疣柄牛肝菌　图 16：5—7

Leccinum intusrubens(Corner)Hongo, Reprinted from Memoirs of the Faculty of Education Shiga University Natural Sciece **33**: 40. 1983.

—— *Boletus intusrubens* Corner, Boletus in Malaysia, p. 104. 1972.

菌盖阔 3~9 cm，初近半圆形，后渐平展而中凹，表面具粉粒状突起，黑褐色、橄榄褐色、褐琥珀褐色。有时具深褐色或暗古铜色斑点，干燥而不黏。菌盖缘无缘膜，菌缘有时开裂；菌肉乳白色，伤后变红，再转灰黑。菌肉无异味，口尝后微酸甜。子实层黄色、蜜黄色，菌管长 1~1.5 cm。菌管口 10~12 枚/mm，黄色，伤后微呈红色，再转褐色。菌管髓菌丝双叉列。菌柄棒状，或纺锤状上下端较细，顶端有纵条纹，中下部有黑褐色麸糠状鳞片和斑点；柄内实，偶具空穴斑点。担子圆棒状 32~40×7.5~10 μm。担孢子长椭圆球形，脐上压明显，9.5~15×4.5~5.5 μm，个别长可达 21 μm。侧缘囊状体长纺锤状，23~50×8.5~14 μm。管缘囊状体近棒状，17~43×6.5~12 μm。

种名释义：intus 拉丁文：在内部的，rubens 红色的，言菌肉伤后，多变红色。

模式产地：马来西亚, Malaya, Johore, Gunong Panti, Sungei Dohol, Corner s. n. 27. VII.

1931（Herb. Bot. Gard. Singapore [CGE]）。

生境与已知树种：主要生于栎属 *Quercus*, 锥属 *Castanopsis* 等多种林下，多见于低凹地，尤喜沙质土。

国内研究标本：贵州：安龙县，VIII. 1993.吴兴亮 29183（HKAS）。

分布：见于亚洲热带，也见于日本的中部；在我国台湾、海南和西藏南部等地可能有分布。

讨论：本种其菌体色泽似与 *Leccinum griseum*（Quél.）R. Singer 相似，但本种菌肉伤后变红是一特点，且菌柄基部多较细，几呈纺锤形。本种是一个热带和亚热带地区的种。除壳斗科植物与之有菌根组合外，尚可能与多种豆科植物有菌根组合关系。

XI. 14. 深褐疣柄牛肝菌　图 16：8—10

Leccinum nigrescens（Rich. & Roze）R. Singer, The American Midland Naturalist **37**: 116. 1947.

—— *Boletus tesselatus* Gill., Champ. Fr., Hymen. p. 636. 1878, non Rostkov. in Sturm（1844）.

—— *Boletus nigrescens* Richon & Roze, Aatlas Champ., p. 191. 1888, non Pallas, Voyage Emp. Russ.**1:** 31.1788.

—— *Gyroporus scaber* var. *flavescens* Quél., Assoc. fr. avanc. sc. **1889:** 512. 1889.

—— *Boletus luteoporus* Bouchinot *apud* Barb., Bull. Soc. Myc. Fr. **20:** 92. 1904.

—— *Boletus velenovskyi* Smotlacha, Vestn. k. ceske spol. nauk, **2:** 60. 1911.

—— *Krombholzia tesselata* R. Maire, Publ.Junta Cienc. Nat. Barcelona, Fungi Catalaunici p. 42. 1933.

—— *Krombholzia luteopora*（Bouchinot）Singer, Rev. Mycol. **3:** 188. 1939.

菌盖径 5~17 cm，幼时半球形；盖缘具波曲状缘膜延伸，略下卷；盖表土黄色、橄榄褐色、灰褐色，表具绒毛，平滑或细纹状开裂，后期粗糙，呈沙粒状。菌肉黄色，无异味，生嚼微酸转苦。子实呈锑黄色、土黄色、黄褐色，伤后微显绿色，但即消失，变褐色。菌管长 0.8~2 cm，菌孔圆多角形，20~25 孔/cm。菌管髓菌丝平行列和微双叉分。菌柄长棒状，近等粗，6~12×1.5~2 cm，色泽较盖色淡，有深褐黑色的鳞片和斑点。柄基菌丝乳白色。担子近椭圆状、圆棒形，10~14×8~10 μm。担孢子长圆形，两端渐狭，微弯曲，13~18×4.5~7 μm，不呈纺锤状，呈淡褐色。侧缘囊状体和管缘囊状体均呈长棒状，30~45×8~18 μm，密集。

种名释义：nigrescens 拉丁文：变成黑色的，言菌柄表面的鳞片和斑点呈黑褐色。

模式产地：原模式产地应是欧洲，法国，早期对欧洲的 *Boletus crokipodius* Let.（= *Leccinum crocipodium*（Letellier）Watling）和 *Boletus rimosus* Vent.的名称，有关标本与本种似应作可疑名称（nomen dubium）来深究和处理（Singer, 1947）。故选模式的确认，尚待指定。

生境与已知树种组合：多生于下列诸属林下：栎属 *Quercus*、鹅耳枥属 *Carpinus*、杨属 *Populus*、梨属 *Pyrus* 等。

国内研究标本：江苏：苏州,灵岩山,林地上,25. VI. 1965.邓叔群 6814（HMAS 34815）。湖北：神农架, 8. IX. 1984.孙述霄（HMAS 57626）。四川：青城山，15. VIII. 1960.马启明

688（HMAS 28004）。云南：昆明西山，16. VII. 1974.臧穆 882（HKAS）。

分布：为泛北极成分，见于欧洲，北美和东亚，我国西南高山和西北也有分布。

讨论：多记录于落叶阔叶树种的林下，也见于针阔混交林下。其担孢子狭长，而不呈纺锤形，仅两端渐狭是其特征。

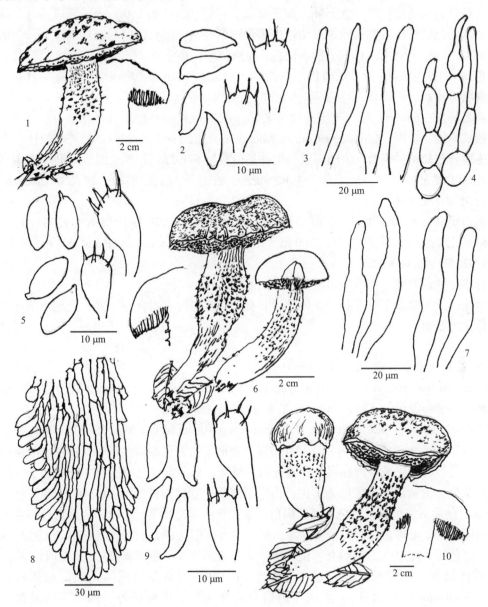

图（Fig.）16：1—4. 皱盖疣柄牛肝菌 *Leccinum hortonii*（A.H. Smith et H.D. Thiers）Hongo et Nagasawa, 1. 担子果 Basidiocarps, 2. 担子和担孢子 Basidia and basidiospores, 3. 囊状体 Cystidia, 4. 菌盖表层菌丝 Pileipellis；5—7. 变红疣柄牛肝菌 *Leccinum intusrubens*（Corner）Hongo, 5. 担子和担孢子 Basidia and basidiospores, 6. 担子果 Basidiocarps, 7. 囊状体 Cystidia；8—10. 深褐疣柄牛肝菌 *Leccinum nigrescens*（Rich. et Roze）R.Singer, 8. 菌管髓 Tubetrama, 9. 担子和担孢子 Basidia and basidiospores, 10. 担子果 Basidiocarps。（臧穆 M. Zang 绘）

XI. 15. 波氏疣柄牛肝菌　图 17：1—3；彩色图版 III: 5

Leccinum potteri A.H. Smith, H.D. Thiers et R. Walting, Mich. Bot. **5:** 138. 1966.

菌盖阔 4~12 cm，幼时中部微凸，半圆形，后渐平展；有时表面具缝状开裂，或具凹穴状下陷，菌盖缘有残膜状裂片；盖表淡砖红色、橘褐色、橙红色，表面有绒毛。菌肉淡乳黄色，伤后变蓝色，无异味，口尝微酸。菌管 0.5~1×0.1~0.3 cm。管口白色、淡黄色、木褐色；管口近圆形或圆多角形。菌管近柄处略下陷。菌管髓菌丝双叉分。菌柄 5~12×1~2.5 cm，近等粗，内实，柄表白色；表被鳞片，鳞片初呈淡赭色、灰色、乳褐色、黄褐色，后期颜色较深。担子长棒状，18~22×8~11 μm。担孢子狭纺锤形，13~16×8~11 μm。管缘囊状体棒状、纺锤状，18~36×4~9 μm。未见侧缘囊状体。

种名释义：potteri，纪念美国菌物学家 Victor Clare Potter（1920~1964）。

模式产地：美国：Chippewa County, Michigan. 4. IX.1965. Smith 72835.（MICH）。

生境与已知树种组合：美洲记录的树种是白杨属 Betula、赤杨属 Alnus。我国西南高山的记录主要是冷杉属 Abies 和云杉属 Picea，在林下与之密集的是地衣类 Cladonia furcata (Huds) Schrad。

国内研究标本：四川：二郎山，3100 m，Picea 林下，VII. 1991.袁明生 1379（HKAS 23868）。云南：德钦，白马雪山，3700 m，叉枝石蕊 Cladonia furcata (Huds.) Schrad.丛中，VII. 1992. 王立松（HKAS）。

分布：我国西南，在西藏东南部也有记录。

讨论：此为北美东北部和东亚的高山共有种，常与地衣组合在一处，其地下菌丝与地衣体交织紧密。

XI. 16. 红点疣柄牛肝菌　图 17：4—7

Leccinum rubropunctum (Peck) R.Singer, The American Midland Naturalist 37: 117. 1947.

—— *Boletus rubropunctus* Peck, Rep. N. Y. State Maus. **50**: 109. 1897.

—— *Boletus longicurvipes* Snell & A. H. Smith, Journ. Elisha Mitch. Soc. **56**: 325. 1940.

菌盖径 4~8 cm，近半圆形，后期近平展，表面平滑，早期微黏；暗红褐色、珊瑚褐色、土红色、砖红褐色、肉桂褐色；盖表微具绒毛，后脱落，具不明显的环斑。子实层松花粉黄色、艳黄色。菌管口艳黄色，伤后不变色；管口圆多角形，0.3~0.5 mm，管长 5~8 mm，伤后不变色至微蓝色，转淡褐色。菌管髓菌丝交织型近平行列。菌管近柄处下陷。菌柄棒状，近等粗，有时柄基渐细，柄表中上部钡黄色，柄基淡乳白色，表具呈纵条状的红色鳞片和斑点，在柄上部较规则，下部稀而分散。菌肉淡黄色，生闻无异味，口尝酸而微苦。担子长棒形，顶部呈梨形，中下部渐有多回凹陷，略呈葫芦状，20~35×7~10.5 μm，顶端具 4 小柄。担孢子长椭圆形，淡黄棕色，两侧不甚对称，11~15×4~4.5 μm。侧缘囊状体和管缘囊状体几同形，近纺锤形，35~45×8~14 μm。

种名释义：rubropunctum 拉丁文：rubro 变红的，punctus 具斑点的，言菌柄表面具红色斑点。

模式产地：美国，New York, Port Jefferson, VII. 1896. C. H. Peck（NY）。

生境与已知树种组合：主要生于栎属 Quercus 和壳斗科植物林下。

国内研究标本：四川：蒲江县，大兴，栎林和松林下，650 m, 26. VII. 1985.袁明生

1015（HKAS 15846）；理塘，31. VII. 1984.袁明生 432（HKAS 20013）；理县，米亚罗，2800 m，12. VII. 1991.袁明生 1359（HKAS 23840, 23841）。云南：昆明，黑龙潭，花鱼沟，松林下，2400 m, 12. VII. 1976 臧穆 2712（HKAS）。

分布：我国除西南已知见于川滇外，尚见于西藏及西北地区。

讨论：本菌是一个北美东北部和东亚的间断分布种。其菌肉虽微有苦味，但川滇民众每年雨季习惯于采此入食。

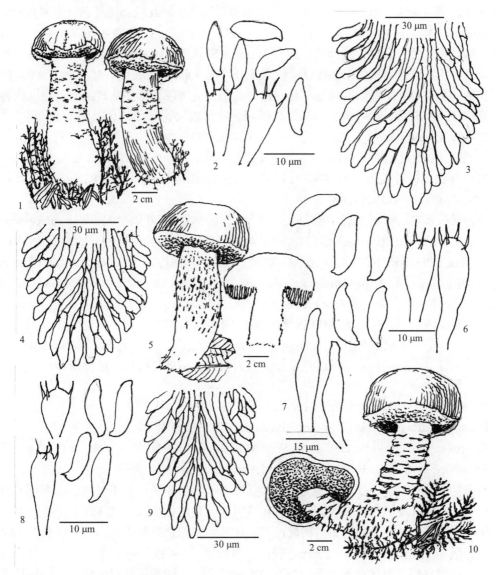

图（Fig.）17：1—3. 波氏疣柄牛肝菌 *Leccinum potteri* A.H. Smigh, H.D. Thiers et R. Walting, 1. 担子果 Basidiocarps,2. 担子和担孢子 Basidia and basidiospores, 3. 菌管髓 Tubetrama；4—7. 红点疣柄牛肝菌 *Leccinum rubropunctum*（Peck）R. Singer, 4. 菌管髓 Tubetrama, 5. 担子果 Basidiocarps, 6. 担子和担孢子 Basidia and basidiospores, 7. 囊状体 Cystidia；8—10. 红斑疣柄牛肝菌 *Leccinum rubrum* M. Zang, 8. 担子和担孢子 Basidia and basidiospores, 9. 菌管髓 Tubetrama, 10. 担子果 Basidiocarps。（臧穆 M. Zang 绘）

XI. 17. 红斑疣柄牛肝菌　图 17：8—10; 彩色图版 III: 6

Leccinum rubrum M. Zang, Acta Botanica Yunnanica **8(1)**: 11. 1986.

—— *Boletus rubrus* M. Zang, in M. S. Yuan, P. Q. Sun: The Pictorial Book of Mushrooms of China) p. 194. 2007.

　　菌盖径阔 7~10 cm，初中凸，后渐平展，光滑，幼时表面有黏液，红色、锈红色或紫枣红色。盖肉厚 3~6 cm，乳白色、淡黄色，后期呈淡褐色，伤后变色不明显；口尝无特殊气味，嚼后微酸。菌管长 1~2 cm。管口和菌管红色、紫红色、锈红色，圆多角形，1~2 枚/mm，近柄处凹生，弯曲凹生。菌柄粗棒状，近等粗，8~14×2~3 cm。柄表上端金黄色，柄基黄褐色，具红色的鳞片，阔 2~4 mm。横向连成斑马纹状。子实层红色、紫红色，老后深红色至褐紫色。菌管髓菌丝双叉分。担子近圆棒状，28~45×15~20 μm。担孢子长椭圆形、近长纺锤形，两侧不甚对称，透明，淡黄色，具 1~2 枚油滴。侧缘状囊状体近柱状或腹鼓状，40~50×10~15 μm。管缘囊状体较大，45~55×10~18 μm。

　　种名释义：rubrum 拉丁文：红色的，言菌体是红色，柄表的鳞片也呈红色。

　　模式产地：西藏：察隅，日东，生于察隅冷杉 *Abies chayuensis* Chen et L. K. Fu 林下。

　　生境与已知树种组合：与察隅冷杉 *Abies chayuensis* Chen et L. K. Fu 和锦丝藓 *Actinothuidium hookeri* Broth.共生。

　　国内研究标本：四川：小金，两河口，3400 m，冷杉林地，密叶娟藓 *Entodon compressus* C. Muell.丛中，1. VIII.1998.袁明生 3180（HKAS 33928）；乡城，热打乡，3500 m, 19. VII. 1998.杨祝良 2393（HKAS 32431）。西藏：察隅，日东，察隅冷杉 *Abies chayuensis* Chen et L. K. Fu 树下和锦丝藓 *Actinothuidium hookeri* Broth.共生，21. IX. 1982.张大成 1088（HKAS 17055）。云南：德钦，梅里石至索拉丫口，4200 m，生于冷杉-杜鹃林下，（*Abies+Rhododendron*）4. VIII. 2000.杨祝良 3026（HKAS 36578）。

　　讨论：这是一个亚洲高山种，其菌根组合的树种，已知仅有冷杉属。其菌管的红色，在野外令人注目，且菌柄表面的红色鳞片，大而横向，呈斑马纹状，很特殊。

XI. 18. 糙盖疣柄牛肝菌（疣盖疣柄牛肝菌）　图 18：1—3

Leccinum rugosiceps（Peck）R. Singer, Mycologia **37**: 799. 1945.

—— *Boletus rugosiceps* Peck, Bull. N. Y. State Mus. **94**: 20. 1904.

—— *Krombholzia rugosiceps*（Peck）R. Singer, Ann. Mycol. **40**: 34. 1942.

　　菌盖径 5.5~15(20) cm，扁半球形，后期近平圆形，杏黄色、赭土红色、土黄色，表面被绒毛，有不甚规则的龟裂纹，纹间有丘状突起，呈龟板块状，色泽较裂陷处为深；绒毛密集，间有鳞片，不黏滑。菌肉乳白色、淡黄色，闻之有菌香气，口尝微甜。菌缘多撕裂，呈厚纸状。菌管长 7~12 mm。管口圆多角形，3~4 枚/ mm，金黄色，伤后变色不明显，后渐变褐或微红；菌管近柄处下陷或近贴生。菌管髓菌丝双叉分。菌柄棒状，近等粗，或中部较细。8~10×2~3 cm，中实，上部黄色、橘黄色，有较深色的网状纹，并具有散生的麸糠状鳞片，有胶质状感；近柄的中下部，鳞片色泽变深，呈褐黑色。菌柄菌肉伤后有时变蓝。担子圆棒状，上端较圆，24~30×10~12 μm。担孢子近长纺锤形，16~21×5~5.5 μm。侧缘囊状体和管缘囊状体均呈长纺锤状，顶端较钝，36~48×9~13 μm。菌丝未见锁状联合。

种名释义：rugosi 拉丁文：皱缩的，ceps 菌盖，言菌盖表面多有皱缩。

模式产地：美国：New York, Port Jefferson, 26. VIII. 1901. C. H. Peck（NYS）。

生境与已知树种组合：美洲多记录于栎树 Quercus rubra L.林下。我国多见于云杉属 Picea、冷杉属 Abies、栎属如 Quercus semicarpifolia Hand.-Mazz., Quercus rehderiana Hand.-Mazz.等林下。

国内研究标本：四川：西昌，泸山，7. VII. 1971.宗毓臣 146（HMAS 36395）；青城山，15. VIII. 1960.邓叔群，李惠中 688（HMAS 28004）。云南：德钦，白马雪山，3750 m，冷杉属 Abies 林下，12. VII. 1981.黎兴江 826（HKAS 7745）；奔子栏，安纳亚山口，3750 m，8. VII. 1981.黎兴江 790（HKAS）；白马雪山东坡，3750 m，冷杉属 Abies 林下，10. VII. 1981.黎兴江 827（HKAS 7746）；南涧，无量山，羊圈房，2107 m，云杉属 Picea 林下，7. VIII. 2001.臧穆 13823A（HKAS 38602）；思茅，菜阳河，瞭望台，1680 m，25. VI. 2000.臧穆 13501（HKAS 36335）。西藏：米林，巴嘎，高山栎林下，28. VII. 1975.臧穆 398（HKAS）；邦果，3200m，云杉属 Picea 林下，12. IX. 1982.臧穆 954（HKAS 10753）；波密，忠坝后山，西侧，4000 m, 4. VIII. 1990.孙航 1（HKAS 22917）。

分布：为北美东北部和我国西南部的间断分布种。

讨论：此菌初见于北美东北部，近习见于我国西南部，尤多见于四川、云南、西藏等的高山地区，该菌色泽美丽，菌体较干燥，味鲜美，是产地居民喜食的山珍；其菌表有时具脂状物质，是本属中的一个较特别的特征。

XI. 19. 褐鳞疣柄牛肝菌　图18：4—6; 彩色图版 II: 5

Leccinum scabrum（Bull.）S. F. Gray, Nat. Arr. Brit. Pl. 1: 647. 1821.

—— Boletus scaber Bull.: Fr., Syst. Mycol. 1: 393. 1821.

—— Krombholzia scabra Karst., Rev. Mycol. 3: 17. 1881.

—— Ceriomyces viscidus（L.）Murr. North Amer. Fl. 9: 139.1910. non Boletus viscidus L.: Fr.（1838）.

—— Krombholziella scabra R. Maire, Publ. Inst. Botan. Barcelona 3: 46. 1937.

—— Trachypus scaber（Bull. non Fr.）Romagnesi, Rev. Mycol. 4: 141. 1939.

菌盖径 4~10 cm，半圆形，中部微凸起，馒头状，后期微平展；盖缘与菌管相结联，一般无缘膜；盖表光滑，无黏液、灰褐色、黄褐色，橄榄褐色。菌肉白色，伤后变色缓慢，由不变色到淡褐色；菌肉生闻无异味，口尝肉微甜。菌管长 8~15 mm。菌管口圆多角形，黄色至木褐色，伤后深褐色；近柄处微下陷。菌管髓菌丝呈双叉列。菌柄长棒状，7~15×0.7~1.2 cm。柄表近白色，伤后变色不明显，微呈红褐色。担子长圆棒状，11~13×5~9 μm。担孢子近纺锤状，15~19×5~7 μm，两侧不对称，脐上压明显。侧缘囊状体和管缘囊状体均为纺锤状，40~60×10~16 μm。未见锁状联合。

种名释义：scabra 拉丁文：粗糙的，言菌柄密被鳞片而柄表粗糙。

模式产地：最早的记录：Boletus scaber Bull. : Fr. 1821.见于北欧。该种近来发表变种不下 10 种，其各模式存地可参阅 Ernst E. Both.The Boletes of North America, A compendium p. 294~296. 1993。

生境与已知树种组合：主要生于桦木属 Betula、赤杨属 Alnus、栎属 Quercus、云杉

属 *Pinus*、松属 *Picea* 等树种的林下。

国内研究标本：吉林：长白山自然保护区，4. IX. 1990.王柏 90502（HKAS 23020）。新疆：布尔津，8. VIII. 1975.周海忠 3301（HKAS 10264）。甘肃：迭部，红云林场，2300 m，青海云杉 *Picea crassifolia* Lom.林下，4. IX. 1998.袁明生 3713（HKAS 33485）。四川：乡城，马鞍山，4000 m，松栎林下，13. VII. 1981. 黎兴江 874（HKAS 7803）；同地，黎兴江 884（HKAS 7813）：乡城，马熊沟，3600 m，9. VII. 1998. 杨祝良 2225（HKAS 32447）；同上，日英村，3700 m，8. VII. 1998.杨祝良 2205（HKAS 32448）；木里，3450 m，19.VIII. 1983. 陈可可 614（HKAS 13544）；小金，日隆，3500 m，20. VII. 1998. 袁明生 3050（HKAS 33733）；若尔盖，降扎，3500 m，云杉属 *Picea* 林下，31. VIII. 1998.袁明生 3610（HKAS 33370）；南坪，2000 m，松栎 *Pinus*+*Quercus* 林下，12. IX. 1998.孙佩琼 3737（HKAS 33448）；盐源，3500 m，冷杉属 Abies 林下，9. VIII. 1983. 陈可可 4488（HKAS 13465）。贵州：江口县，梵净山，黑湾河，650 m，2. VII. 1988. 臧穆 11451（HKAS 20828）；同地，2000 m，4. VII. 1983. 吴兴亮 773（HKAS 14499）；正安县，林下，950 m，7. VII. 1983. 吴兴亮 744（HKAS 14483）。云南：玉龙山，三道湾，冷杉林下，3100 m，2. VII. 1988. 臧穆 12500（HKAS 30060）；维西，针阔混交林下，3200 m，30. VIII. 1983.郑文康 8383（HKAS 12031）；独龙江，其期，20. VII. 1982.张大成 128（HKAS 10667）；龙陵县，小黑山，2100 m，栎属 *Quercus* 林下，27. VIII. 2002. 杨祝良 3297（HKAS 41366）；德钦，白马雪山，东坡，3700 m，云杉 *Picae*+冷杉 *Abies* 林下，11. VII. 1981.黎兴江 831（HKAS 7760）；白马雪山垭口，4500 m，高山杜鹃草甸地，13. VII. 1981.黎兴江 870（HKAS 7799）；白马雪山，高山草甸，4700m，13. VII. 1981.王立松 871（HKAS 7800）；同地，4700 m，13. VII. 1981.黎兴江 874（HKAS 7803）；同地，4150 m，2. VIII. 1986.高山栎 *Quercus rehderiana* Handl. Mazz.林下，臧穆 10613（HKAS 17640）。西藏：邦果，3200 m，冷杉属 *Abies* 林下，11. IX. 1982.臧穆 906（HKAS 10760）。

分布：这是一个见全球分布的种，尤多见于北温带，也见于南半球。我国除西南高山较常见外，在东北及西北地区也有分布。

讨论：其相组合的树种较广泛，针叶树包括云杉属 *Picea*、冷杉属 *Abies*、松属 *Pinus* 等，阔叶树如栎属 *Quercus*、赤杨属 *Alnus*、桦木属 *Betula* 等。

XI. 20. 亚平盖疣柄牛肝菌　图 18：7—9

Leccinum subglabripes (Peck) R. Singer, Bull. N. Y. State Mus. **8:** 112. 1889.

—— *Boletus flavipes* Peck, Rept.N. Y. State Mus. **39:** 42. 1886.（non Berk. 1854）

—— *Suillus subglabripes* (Peck) Rev. Gen.Pl.**3 (2)：** 536.1898.

—— *Ceriomyces subglabripes* (Peck) Murrill, Mycologia **1:** 153. 1909.

—— *Leccinum subglabripes* (Peck) R. Singer, Mycologia **37:** 799. 1945.

—— *Krombholzia subscabripes* R. Singer, Rev. Mycol. **3:** 188. 1938.（nom. nud.）

菌盖径 4.5~10 cm，半圆形，中部有时凸起，或呈肚脐状；干时光滑，多具皱褶，或不甚平展；黄色、赭黄色、土褐色、希深肉桂色、橘褐色。盖缘多有裙边卷缘，弯曲抱边，微下卷。菌肉白色至淡黄色，伤后呈柠檬黄色至橄榄褐色；无异味，口尝由酸转甜。菌管黄色，长 1~1.5 cm。菌孔 12~14 枚/ cm，硫磺色、蜡黄色，伤后变色不明显。菌管髓有中心束，两侧近双叉分。担子棒状，18~26×8~10 μm。担孢子狭纺锤形，两侧不对称，11~14×3~5 μm。侧缘囊状体腹鼓状，32~54×8~15 μm。管缘囊状体纺锤状，20~32×8~12 μm。菌柄棒状，中部微粗，基部稍细，5~10×1~2 cm；柄表上部淡黄，下部白色，柄表具麸糠状鳞片，幼时色泽近乳白色，成熟后淡褐色，或呈绒团状突起，近光滑状。担子长棒状，18~26×8~10 μm。担孢子狭纺锤形，不对称，脐上压明显，11~14×3~5 μm，近橄榄褐色。

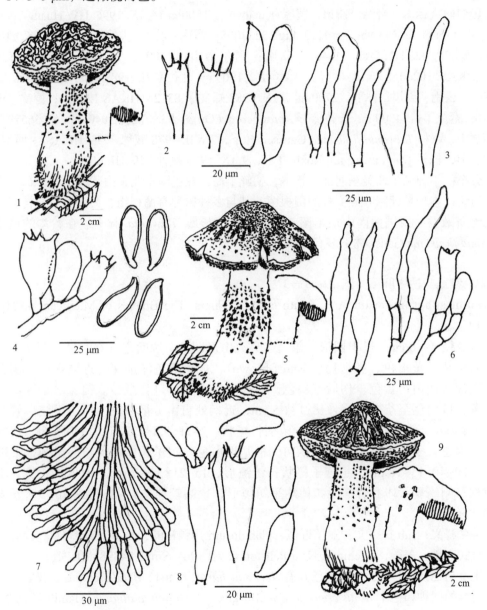

图 (Fig.) 18：1—3. 糙盖疣柄牛肝菌 *Leccinum rugosiceps* (Peck) R. Singer, 1. 担子果 Basidiocarps, 2. 担子和担孢子 Basidia and basidiospores, 3. 囊状体 Cystidia；4—6. 褐鳞疣柄牛肝菌 *Leccinum scabrum* (Bull.) S. F. Gray, 4. 担子和担孢子 Basidia and basidiospores, 5. 担子果 Basidiocarps, 6. 囊状体 Cystidia；7—9. 亚平盖疣柄牛肝菌 *Leccinum subglabripes* (Peck) R. Singer, 7. 菌管髓 Tubetrama, 8. 担子和担孢子 Basidia and basidiospores, 9. 担子果 Basidiocarps。(臧穆 M. Zang 绘)

种名释义：sub 拉丁文：亚，近似，glaber 平滑的，ipos 表面，指菌柄表近于光滑，言鳞片不太明显。

模式产地：美国：New York, Fulton County, Caroga, VII.1885. C. H. Peck（NYS）。

生境与已知树种组合：多生于硬叶树和针叶树混交林下，如栎属 Quercus、水青冈属 Fagus、冷杉属 Abies 和云杉属 Picea 等。

国内研究标本：台湾：苗栗，黄屋（Kuanwu），1800 m,14. IX. 1996. HW Huang 2060. [Fungal Flora of Taiwan Vol. 3.p.1113. Fig.122. 2005]。海南：乐东，尖峰岭，900 m, 18. VIII. 1999.袁明生 4334（HKAS 34946）。新疆：阿尔泰山，2400 m, 8. VIII. 1975.周海忠 3293（HKAS 10260）。四川：西昌，螺髻山，1900 m, 13. VIII. 1983.袁明生 116（HKAS 11860）。云南：剑川，林下，2700 m, 7. IX. 1983.郑文康 83124（HKAS 12079）；德钦，梅里雪山，索拉丫口，4300 m, 长苞冷杉 Abies georgei Orr.林下，杨祝良 3040（HKAS 36579）；高黎贡山，秃杉 Taiwania flousiana Gaussen 林下，7. VII. 1978.臧穆 3953（HKAS）。西藏：易贡后山，栎树 Quercus incana Roxb.林下，9. IX. 1976.臧穆 759（HKAS）。

分布：本种见于北美东北部，日本，朝鲜半岛；在我国东北，内蒙古也有分布。

讨论：本种是针阔叶混交林的菌根菌，其与多种树种有菌根组合关系。对造林有潜在的经济效益。我国西南山地本菌曾记录于台湾杉属 Taiwania 林下。在台湾的苗栗 Taiwania flousiana Gauss.林下多有分布。

XI. 21. 粒盖疣柄牛肝菌　图 19：1—3

Leccinum subgranulosum A.H. Smith et H.D. Thiers, The Boletes of Michigan, p. 210. 1971.

菌盖径 4~10 cm，近半圆形，盖表多具火山形凹坑，坑间之脊有时呈撕裂状，有颗粒状鳞片，黄褐色、鼻烟褐色（snuff-brown），成熟后色泽加深，近栗褐色，菌盖表有黏液。菌肉污黄色，伤后变褐色，闻之有菌香气，口尝微酸。菌盖缘全缘或撕裂。菌管口白色至茶褐色，管长 1~1.5 cm，近柄处自由分散或贴生，不下陷。管孔 10~15 个/ cm。菌管髓菌丝双叉分。菌柄长棒状，7~11×0.8~1.6 cm，中部微粗，两端细，淡褐色，表被黑色鳞片，多纵向，柄基近白色。担子长棒状，顶部微圆，下部渐细，20~40×15~18 μm。担孢子棒状长纺锤形，15~21×5.5~7 μm。孢子体狭长，不甚对称。侧缘囊状体和管缘囊状体均呈纺锤形，顶端较钝，45~85×6~8 μm。菌丝未见锁状联合。

种名释义：sub 拉丁文：亚，近似，glanulosum 具颗粒的，言盖表有颗粒状突起。

模式产地：美国，Michigan, Near Pellston, 2 VII 1967. Smith 74398（MICH）。

生境与已知树种组合：美洲已知有 Acer saccharum Marsh., Betula lenta L.，我国已知与之组合的树种如桤木 Alnus cremastogyne Burkill.、西桦 Betula alnoides Hamilt.等。

国内研究标本：四川：蒲江，大塘，750 m，桦木林下，IX. 1986.袁明生 1294（HKAS 18425）；泸定，海螺沟，3000 m，桤木 Alnus cremastogyne Burkill 林下，12. VIII. 1997.袁明生 1299（HKAS 31351）。

分布：本种见于美国东北部，加拿大，以及我国西南部。华东高山可能分布。

讨论：本种主要与阔叶落叶树种有菌根组合关系，是一个泛北极成分的种。它与褐

鳞疣柄牛肝菌 *Leccinum scabrum* (Bull.: Fr.) Gray 从菌柄的形态上易被混淆，但此种很少见于针叶林下。在研究干标本时往往误定。

XI. 22. 近白疣柄牛肝菌　图 19：4—6

Leccinum subleucophaeum Dick et Snell, Mycologia **52**：453. 1960.

菌盖径 4~12 cm，半圆形，馒头形；菌盖缘钝而下弯；盖表被伏卧的绒毛或散生的纤毛，后期近光滑；盖中央灰白色，盖缘黄褐色，盖表多无凹糟或裂纹。菌肉较厚，1.6 cm，白色，伤后变色缓慢，初呈灰色，后转褐灰；生闻有菌香气，口尝微甜。菌管乳白色，后呈木褐色，长 1~1.5 cm。孔径圆形，2~2.5 枚/ mm。菌管髓菌丝双叉列。担子长棒状，24~30 ×9~11 μm，透明。担孢子阔纺锤形，脐上压明显。13~19×4.5~7 μm，两侧近对称。侧缘囊状体纺锤状，35~45×15~18 μm。管缘囊状体弯曲棒状，30~45×10~15 μm。未见锁状联合。菌柄棒状，上部细，中下部较粗，微弯曲。柄表白色，具褐色斑点和鳞片。柄基菌丝白色。

种名释义：sub 拉丁文：近似，leuco 白色的，phae 希腊文：暗的，明显的，言菌柄白色，鳞片暗色，分外明显。

模式产地：美国，New England, Bolete Herbarium of W. H. Snell No. 210（BPI）。

生境与已知树种组合：多生于云杉属 *Picea*、桦木属 *Betula* 及赤杨属 *Alnus* 林地。我国福建则见于小红栲 *Castanopsis carlesii* (Hemsl.) Hayata. 林下。

国内研究标本：福建：漳州，大矶，小红栲 *Castanopsis carlesii* (Hemsl.) Hayata 林下，7. IX. 1960.臧穆 77（存南京师范大学生物系标本馆）。湖南：长沙，岳麓山，林地，22. VI. 1964.肖国平（MHHUU 269）。四川：喜德，2200 m，云杉属 *Pinus*+桦木属 *Betula* 林下，5. VIII. 1992.袁明生 1920（HKAS 25645）；稻城，桑堆，4200 m，桦木属 *Betula*+草地，2. VIII. 1984.袁明生 458（HKAS 19982）。

分布：本菌原记录在北美东部，也见于东亚，我国最南见于福建。除落叶树种外，我国尚见于常绿阔叶树小红栲林下。这是一个兼布于北温带和亚热带的种。

讨论：本种喜生于沙质土地带，多在水分畅通不滞水的地域。

XI. 23. 小疣柄牛肝菌　图 19：7—9

Leccinum minimum (Z.S. Bi) M. Zang et X. J. Li, Stat. & comb. nov.

—— *Leccinum subleucophaeum* var. *minimum* Z. S. Bi, Acta Mycologica Sinica 3（4）：201. 1994.

菌盖径 1.5~4 cm，半圆形，光滑，灰白色、浅黄褐色或橄榄褐色；被平伏绒毛，无裂纹。盖缘全缘，微波曲，与菌管齐列，无缘膜延伸。菌肉白色，伤后微呈褐色，无异味，口尝微酸。菌管乳黄色、近白色；菌管口乳白色、淡黄色；管长 1~3 mm。管口近圆多角形，0.3~0.5 枚/mm。菌管髓近平行列，有明显的中心束。担子短圆球状棒形，18~20×8~12 μm。担孢子宽椭圆球形，6~9.5（10）×4~7 μm。侧缘囊状体和管缘囊状体均呈棒状，直或微弯曲，25~40×10~15 μm。菌柄棒状，近等粗，3~4×0.6~1 cm。柄表乳白色，具褐色纵条斑点和小鳞片，柄基白色。未见锁状联合。

种名释义：minimum 拉丁文：小形，言菌体和担孢子均较小。

模式产地：广东，广州，地震台后坡，针阔混交林地，13. VII. 1980.毕志树
1033（HMIGD 5033）。

生境与已知树种组合：多生于松林与栎属 *Quercus*，水青冈属 *Fagus* 混交林。

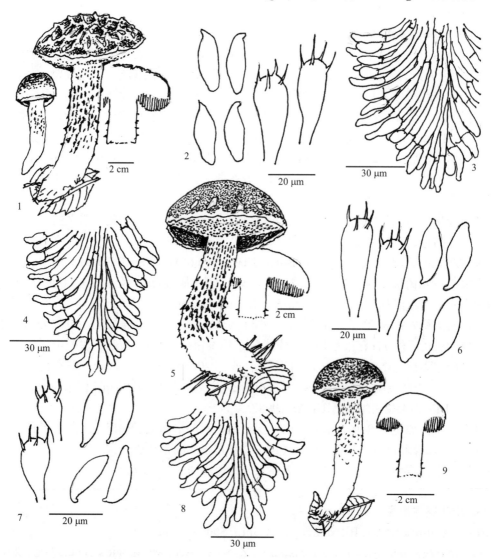

图(Fig.)19：1—3. 粒盖疣柄牛肝菌 *Leccinum subgranulosun* A.H. Smith et H.D. Thiers，1. 担子果 Basidiocarps，2. 担子和担孢子 Basidia and basidiospores，3. 菌管髓 Tubetrama；4—6. 近白疣柄牛肝菌 *Leccinum subleucophaeum* Dick et Snell，4. 菌管髓 Tubetrama，5. 担子果 Basidiocarps，6. 担子和担孢子 Basidia and basidiospores；7—9. 小疣柄牛肝菌 *Leccinum minimum*（Z.S. Bi）M. Zang et X.J. Li，7. 担子和担孢子 Basidia and basidiospores，8. 菌管髓 Tubetrama，9. 担子果 Basidiocarps。（臧穆 M. Zang 绘）

国内研究标本：广东，广州，地震台后坡，针阔混交林地，13. VII. 1980.毕志树
1033（HMIGD 5033）。

分布：现知仅广东有记录。

讨论：据毕志树等（1994）《广东大型真菌志》第 559 页载，该省尚未见此属。同年

毕志树在广州发表了 *Leccinum subleucophaeum* var. *minimum*，作者们在查阅了这一新变种的模式标本，并与原变种的标本作比较解剖研究后，感到两者虽较相似，但仍具明显的差异，如前者的菌盖较大，直径为 4~12 cm，后者菌盖较小，仅 1.5~4 cm；前者担子呈长棒状，后者担子呈短圆球形；前者担孢子呈纺锤形，后者担孢子呈椭圆棒形。故作者在此将其提升(新组合)为一独立的种。

XII. 隆柄牛肝菌属 Phlebopus(Heim) R.Singer

Ann. Myc. 34: 326. 1936.

Boletus subgen. *Phlebopus* Heim., Rev. Mycol. **1**: 9. 1936.

Phaeogyroporus R. Singer, Mycologia **36**: 360. 1944.

　　担子果肉质，中等大小至大型，较易腐烂。菌盖平而中凸，或具有不规则的丘状突起，丘间多具裂痕，或无裂痕而较平滑。子实层淡黄色至橘黄色。菌管口多角圆形，近柄处明显下陷。菌柄中生，粗大圆柱形，内实，基部有时膨大呈腹鼓状，多具纵向凹凸沟条，往往无定型，其长短粗细的变异甚大，故有用怪形异态以形容菌柄和菌盖的多变。不具菌环。担子椭圆棒状，具 4 小柄。担孢子近圆球形、卵圆形，中有透明的油滴。侧缘囊状体和管缘囊状体均呈腹鼓状。菌管髓菌丝双叉分。菌丝具锁状联合。菌肉黄色，无异味。该属多可人工栽培。见于热带和亚热带。全属 6 种，我国现知 1 种。

　　属名释义：phlebos 希腊文：血管，言盖表和柄表多具管状突起。

　　属模式种：*Phlebopus colossus*(Heim) R. Singer。全球约 7 种，我国已记录 1 种。

XII. 1. 怪形隆柄牛肝菌　图 20：1—6；彩色图版 IV: 7

Phlebopus portentosus(Berk. et Broome) Boedijn, Sydowia **5**: 218.1951.

—— *Boletus portentosus* Berk. et Broome, Journ. Linn. Soc.(Bot.) **14**: 46.1875.

—— *Boletus sudanicus* Har. et Pat., in Bull. Mus. Hist. Nat. Paris. **15**: 87.1909.

—— *Boletus loricaceus* Beeli in Bull. Jard. Bot. Brux. **15**: 43. t. 4/34.1938.

—— *Phlebopus sudanicus*(Har. & Pat.) Heinem in Bull. Jard. Bot. Brux. **24**: 113.1954.

—— *Phaeogyroporus sudanicus*(Har. & Pat.) R. Singer, Agaric. Mod. Taxon. Ed. 2: 712.1962.

　　菌盖阔 8~45 cm，平展至中凹、半圆形或凹凸不平，折叠曲皱；肉质，橄榄褐色、灰褐色，盖中央色深暗；盖缘色微淡，赭褐色，不艳丽；盖表多具不规则裂纹，裂口色淡，呈灰黄色、乳黄色；盖缘变薄，不下卷，仅具波纹状卷曲；盖表干而平滑，不粗糙而有脂质感。子实层蜜黄色。菌管近柄处贴生，微下陷，长 9 mm。管口圆多角形，2 枚/mm，伤后变蓝绿色。菌管髓菌丝双叉分列。菌肉暗黄色，无异味，生尝微酸转甘。担子圆棒状，具 4 小柄，21~27×8~10 μm，透明。担孢子椭圆形、近圆形，6.7×5.4~7.7 μm，淡赭色，壁光滑，具明亮油滴。侧缘囊状体呈长纺锤状，40×25 μm。管缘囊状体少见，几同形。菌丝具明显的锁状联合。盖表层菌丝直立，叉分状。菌柄圆柱状，粗，柄表基部多有纵向条纹隆起，色泽深灰褐色、茶褐色，与盖色同，无鳞片，无斑点，内实，不空心。柄基菌丝黄褐色。

种名释义：portentosus 拉丁文：怪样的，言菌体肉质，柄部多有肉质呈块状突起或具块状肉瘤。

模式产地：斯里兰卡。

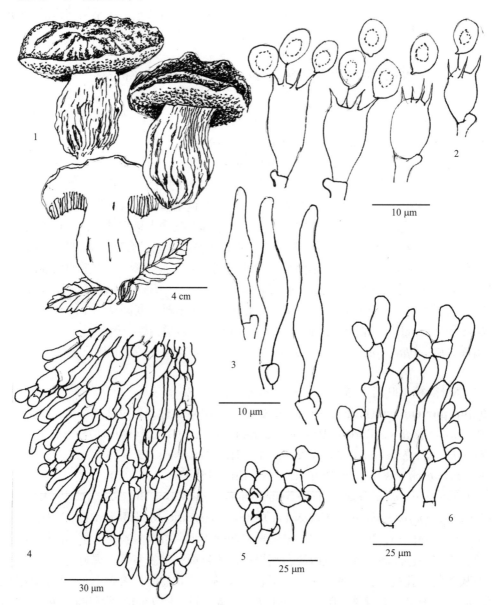

图 (Fig.) 20：1—6. 怪形隆柄牛肝菌 *Phlebopus portentosus* (Berk. et Broome) Boedijn，1. 担子果 Basidiocarps，2. 担子和担孢子 Basidia and basidiospores，3. 侧缘囊状体 Pleurocystidia，4. 菌管髓 Tubetrama，5. 锁状联合 Clamp connections，6. 菌盖表层菌丝 Pileipellis。（臧穆 M. Zang 绘）

生境与已知树种组合：多生于豆科、桃金娘科植物林下。

国内研究标本：福建：漳州，曾念开，2000 年（无号）。海南：海口，曾念开，2001 年。云南：景洪，小粒咖啡 *Coffea arabica* L. 林下，15. VII. 2006.纪开萍（HKAS 49706）。

分布：我国尚见于台湾。此外泰国、缅甸、印度尼西亚等亚洲和非洲的热带国家，如肯尼亚、坦桑尼亚、乌干达、马达加斯加等地有分布(Pegler, 1997)。

讨论：该种菌体菌丝具锁状联合，故为可以人工培养的食用菌，此菌在滇南西双版纳一带为能培养的食用菌，也是牛肝菌中少有的可培养种类。

XIII. 粉末牛肝菌属 **Pulveroboletus** Murrill

Mycologia 1: 9. 1909.

菌盖直径 4~12 cm 或更大，中央微凸或平展。盖表幼时微湿而黏，成熟后变干燥。盖表菌丝分枝，有横隔，近等粗，末端钝圆。菌盖表面多呈金黄色，明亮黄色或橘黄色，少数黄绿色，表层呈粉末状物组合(pulverulent consistency)，手触之有粉质感，有黏质感，盖表的黄色，随标本干后而不变色，黄色近永存。柠檬色的粉末覆盖于菌盖和菌柄表面。柄棍棒状，表面光滑或有网纹，基部微膨大。子实层金黄色，近柄处贴生，菌柄至菌盖幼时有缘膜，后期多撕裂，多有残片附于盖缘和柄基。菌孔圆多角形，金黄色。菌肉乳白色、黄色，伤后变黄褐或微蓝，肉味生尝微酸或有令人不悦的气味。子实层有缘膜，后撕裂。菌管髓菌丝双叉分排列。担子近棒状，具 4 小柄。担孢子长棒状，椭圆形，橘褐色、橄榄褐色。囊状体棒状或纺锤状。菌丝多呈黄色、晶体黄色。未见锁状联合。多分布于松林下或针阔混交林下，有时见于腐木上。多见于欧洲、亚洲、美洲，也见于非洲和大洋洲。全球 25 种，我国 6 种。

属名释义：pulvero 拉丁文：粉末的，*Boletus* 牛肝菌属，言菌体表面多具粉末。

属模式种：*Pulveroboletus ravenelii*(Berk. et M.A.Curtis) Murrill, South Carolina, Santee Canal. Ravenel 810(K)。

粉末牛肝菌属分种检索表

1. 菌盖表面初期具皱褶，后具网络·················· **XIII. 5.** 网盖粉末牛肝菌 *Pulveroboletus reticulopileus*
1. 菌盖表面光滑，不具皱褶或网络·· 2.
  2. 菌柄肉软骨质，有时内有空腔，较黏 ················· **XIII. 2.** 考氏粉末牛肝菌 *P. curtisii*
  2. 菌柄肉内实，柄表易脱毛，变光滑或具粉被 ··· 3.
3. 子实层具缘膜，硫磺色；菌肉和菌管伤后变蓝 ··· 4.
3. 子实层缘膜呈环带状，粉质蛛丝状；菌肉及菌管伤后不变蓝色 ····················· 5.
  4. 菌盖硫磺色、黏或较黏，盖边具完整的缘膜；菌管髓菌丝亚双叉分；担孢子 7.5~13.5×4~6 μm ···
  ··· **XIII. 4.** 粉末牛肝菌 *P. ravenelii*
  4. 菌盖报春花黄色、稻草黄色；该缘膜较窄；菌柄上端有网络；菌管髓菌丝真双叉分；担孢子 9.8~13×3.7~4.8 μm ···················· **XIII. 6.** 网柄粉末牛肝菌 *P. retipes*
5. 菌盖橘肉桂色，淡紫色，盖缘有不孕边；菌柄表面有黄色颗粒或纵线条；担孢子 11.5~14×4.5~5.5 μm
  ·· **XIII. 1.** 黄孔粉末牛肝菌 *P. auriporus*
5. 菌盖报春花黄色、稻秆黄色，盖缘具宽膜；菌柄表具粉粒状物；担孢子 5.5~11×2.7~4.8 μm ···········

Key to species of the genus *Pulveroboletus*

1. Pileus surface wrinkled or reticulose ································· **XIII. 5. *Pulveroboletus reticulopileus***

1. Pileus surface smooth, never wrinkled ··· 2.

    2. Stipe cartilaginous, usually hollow, rather viscid.Basidiospores 10.5×4.3 µm ·········· **XIII. 2. *P. curtisii***

    2. Stipe solid, fibrilleos usually sheds to smooth or pulverulent ···································· 3.

3. Veil present, dry, sulphureus, context and tubes bluing whe cutting ························· 4.

3. Veil usually forms annular belts, or arachnoid pulverulent ··································· 5.

    4. Pileus surphureus yellow, viscid or subviscid, with completely margin. Trama sub-bilateral. Basidiospores 7.5~13.5×4~6 µm ································ **XIII. 4. *P. ravenelii***

    4. Pileus primulin-yellow, straw-yellow, with a narrow sterile margin. Stipe with a strongly raised network.Trama true bilateral.Basidiospores 9.8~13×3.7~4.8 µm ·················· **XIII 6. *P. retipes***

5. Pileus orange cinnamon to pale pinkish, with completely margin.Stipe with faintly yellowish, flacculose, and decurrent lines.Basidiospores 11.5~14×4.5~5.5 µm ················· **XIII.1. *P. auriporus***

5. Pileus primulin yellow, straw yellow with velutinous margin. Stipe surface fibrillose. Basidiospores 5.5~11×2.7~4.8 µm ·· **XIII. 3. *P. hemichrysus***

XIII. 1. 黄孔粉末牛肝菌　图 21：1—4；彩色图版 IV: 8

Pulveroboletus auriporus (Peck) R. Singer, American Midland Naturalist **37**: 13. 1947.

—— *Boletus auiporus* Peck, Rep. N. Y. State Cab. **23**: 133. 1873.

—— *Suillus auriporus* Kuntze, Rev. Gen. Pl. **3**(**2**)：595. 1898.

—— *Ceriomyces auriporus* Murrill, Mycologia **1**: 147. 1909.

—— *Xerocomus auriporus* R. Singer, Rev. Mycol. **5**: 6. 1940.

—— *Boletus viridiflavus* Coker et Beers, Bol. N. Carol. p. 53.1943.

    菌盖橘黄肉桂色、淡粉红肉桂色、橄榄橘黄色，径 4~7 cm，中凸，后期近平展。盖缘具呈绿色或橄榄褐色、榛褐色(hazel)或烟灰三色，幼时具黏液，后转干燥，光滑而微有光泽；盖缘的不孕性边呈明显粉质。盖表层菌丝分枝，横向交织。子实层柠檬黄色，明亮，伤后基本不变色，或微呈深金黄绿色。菌管长 0.8~2 cm。菌孔径 4~5 mm，近放射排列，圆多角形，偶有复孔。近柄处下陷。菌管髓有中央束再双叉分。担子棒状，21~38×7~10 µm。担孢子长圆形，棒形，9~15×4~6 µm。侧缘囊状体棒状，近纺锤状，27~56×6.5~15.5 µm，近黄色。管缘囊状体与侧缘囊状体近同形。未见锁状联合。

    种名释义：auri 拉丁文：金色的，porus，孔，言菌孔呈金黄色。

    模式产地：美国，North Elba, 1869(NYS)。

    生境与已知树种组合：主要组合的树种是栎属 *Quercus*、冷杉属 *Abies* 以及云杉属 *Picea* 等。

    国内研究标本：湖南：麻林，T.L.Liu，496(FH)。云南：德钦，白马雪山，3750 m，冷杉属 *Abies* 林下，VII. 1982. 黎兴江 882(HKAS 7781)；白马雪山，124 道班，12. VII. 1981. 黎兴江 860(HKAS 7789)。西藏：米林，巴嘎，冷杉林下，3100 m, 28. VII. 1975. 臧穆

418（HKAS）。

分布：我国尚见于广东，福建（邵力平，1997）。国外见于北美东北部和佛罗里达。

讨论：本种多见于竹林下，是更适应东亚竹林的菌类。美洲很少见于竹林，多见于栎林下。FH馆现存的496号标本，其记录即生于竹林下。

XIII. 2. 考氏粉末牛肝菌　图21：5—8

Pulveroboletus curtisii（Berk.）R. Singer, American Midland Naturist **37**: 18. 1947.

—— *Boletus curtisii* Berk. et M. A. Curtis, Ann. Mag. Nat. Hist. II **12**: 429.1853.

—— *Boletus inflexus* Peck, Bull. Torr. Bot. Cl. **22**: 207. 1895.

—— *Boletus fistulosus* Peck, Bull. Torr. Bot. Cl. **24**: 144. 1897.

—— *Suillus curtisii* Kuntze, Rev. Gen. Pl. **3**(**2**): 535. 1898.

—— *Suillus inflexus* Kuntze, Rev. Gen. Pl. **3**(**2**): 535. 1898.

—— *Ceriomyces curtisii* Murrill, Mycologia **1**: 150. 1909.

—— *Boletus carolinensis* Beardslee, Journ. Elisha Mitch. Scient. Soc. **31**:147.1915.

菌盖初期半圆形，后期近馒头形平展，平滑或有皱纹，呈金黄色，盖中部有时微具淡褐黄色、紫黄色、皮革色；菌盖缘下卷，呈波纹弯曲，初有缘膜附着，后脱落平滑，干后黄色粉末宿存。子实层金黄色，伤后不变色，后或显示黄绿色。菌管5~9×0.5~0.8 cm。菌孔圆多角形，孔径 1~2/mm，近柄处贴生微下延。菌管髓菌丝平行列和双叉分。担子棒状，顶端渐膨大，具4小柄；担子10~30×6~10 μm。侧缘囊状体和孔缘囊状体均呈纺锤形，35~66×15~18 μm，初透明，后期呈淡褐色或绣褐色。菌盖和菌柄表均有平行列的菌丝，幼时微黏，成熟后变干燥，菌丝径1.5 μm，黄色，被黄色粉末。菌柄长棒状，近等粗，柄表金黄色，有微红色晕斑，幼时表面微胶质。菌肉近软骨质，柄肉内实，有中空的空腔。柄上部有环膜残存。菌柄基部近乳白色。菌丝未见锁状联合。

种名释义：curtisii，为纪念菌物学家 M. A. Curtis。

模式产地：美国，Ashville, South Carolina, M. A. Curtis, Berkeley, 3212（K）。

生境与已知树种组合：记录于松属 Pinus 和针阔混交林下。

国内研究标本：湖南：张家界，黄石寨国家森林公园，1100 m，马尾松 *Pinus massoniana* Lamb.林下，26. VII. 2003.王汉臣 353（HKAS 42462）。海南：乐东县，尖峰岭，700 m，林地，29. VI. 1981.弓明钦 81–5112（HKAS 22376）。云南：思茅，红旗水库，1450 m，3. VIII. 1991.宋刚 73（HKAS 23699）；丽江，新竹，2400m，云南松 *Pinus yunnanensis* Fr. 林下，18. VIII. 1984.宣宇 6（HKAS 14199）。

分布：这是一个东亚和北美东北部的一个不连续分布种，多见于松林和栎林下。

XIII. 3. 半黄粉末牛肝菌　图21：9—11

Pulveroboletus hemichrysus（Berk. et M. A. Curtis）R. Singer, Sydowia **15**: 82. 1961.

—— *Boletus hemichrysus* Berk. et M. A. Curtis, Ann. Mag. Nat. Hist. **II**(**12**): 429. 1853.

—— *Suillus hemichrysus*（Berk. et M.A.Curtis）Kuntze, Rev. Gen. Pl. **3**: 535. 1898.

—— *Ceriomyces hemichrysus*（Berk. et M. A. Curtis）Murr. Mycologia **1**: 148. 1909.

—— *Phlebopus hemichrysus*（Berk. et M. A. Curtis）R. Singer, Sydowia **15**: 82. 1961.（incorrect citation in Watling, 1970. Should read *Pulveroboletus*.）

—— *Buchwaldoboletus hemichrysus*（Berk. et M.A. Curt.）Pilat, Friesia **9**（**1–2**）: 218. 1969.

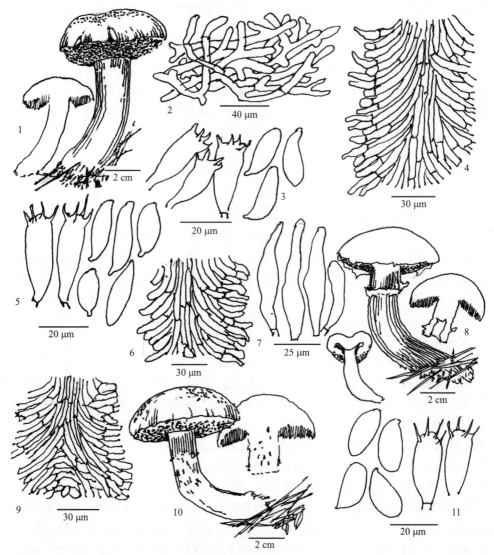

图（Fig.）21： 1——4. 黄孔粉末牛肝菌 *Pulveroboletus auriporus*（Peck）R. Singer, 1. 担子果 Basidiocarps, 2. 菌盖表层菌丝 Pileipellis, 3. 担子和担孢子 Basidia and basidiospores, 4. 菌管髓 Tubetrama；5——8. 考氏粉末牛肝菌 *Pulveroboletus curtisii*（Berk.）R. Singer, 5. 担子和担孢子 Basidia and basidiospores, 6. 菌管髓 Tubetrama, 7. 侧缘囊状体 Pleurocystidia, 8. 担子果 Basidiocarps；9——11. 半黄粉末牛肝菌 *Pulveroboletus hemichrysus*（Berk. et M.A.Curtis）R. Singer, 9. 菌管髓 Tubetrama, 10. 担子果 Basidiocarps, 11. 担子和担孢子 Basidia and basidiospores。（臧穆 M. Zang 绘）

　　菌盖半圆形，馒头形，盖表密被金黄色粉末，表面光滑，金黄色、鹅黄色，有时具绒毛状鳞片，整体金黄色，盖缘近古铜色。菌肉淡黄色，伤后初不变色，后渐显淡紫色。菌肉生尝有酸苦味。子实层金黄色，后期古铜色。菌管 1~1.3 cm 长。管孔圆多角形，7~10

枚/ cm，近柄处，近贴生，微下延。菌管髓菌丝有中心束，菌丝双叉分。担子长棒状，基部渐细，8~11×17~25 μm，具 4 小柄。担孢子椭圆形，尖端较钝，6~8.5×2.7~3.6 μm。侧缘囊状体和管缘囊状体均为棒状，腹鼓状，34~52×12~16 μm。菌柄圆柱状，近等粗，5~8×1~1.4 cm，内实，肉黄色，伤后偶有紫色斑点；柄表黄色，平滑，有黄色粉末。未见锁状联合。

种名释义：hemi 希腊文：一半，chrysus 金色，言菌体近似金色。

模式产地：美国：South Carolina, Ravenel 2928（K）。

生境与已知树种组合：已知相组合的树种有红松 *Pinus koraiensis* Sieb.et Zucc. 、云南松 *Pinus yunnanensis* Franch. 、石栎属 *Lithocarpus*、栎属 *Quercus* 等。

国内研究标本：台湾：福山，670 m，林下，17. IX.1992.王也珍 92102 台中自博馆 FO 328。海南：乐东县，尖峰岭，林地，28. IX. 1982.弓明钦 825224（HKAS 22391）。云南：思茅，红旗水库，思茅松 *Pinus kesiya* var. *langbianensis*（A. Chev.）Gaussen. 林下，1450 m, 3. VIII. 1991.刘培贵 831（HKAS 23682）；高黎贡山，波拉箐，1600 m, 6. VII. 1978. 何清安 33（HKAS 3943）。

讨论：是外生菌根菌，不可食，民间市场偶有与牛肝菌类相混出卖，宜慎入食。

XIII. 4. 粉末牛肝菌　图 22：1—4

Pulveroboletus ravenelii（Berk. et M. A. Curtis）Murrill, Mycologia **1: 9.** 1909.

—— *Boletus ravenelii* Berk. et M. A. Curtis, Ann. Mag. Nat. Hist. II, **12:** 429. 1853.

—— *Suillus ravenelii*（Berk. M. A. et Curtis）Kuntze, Rev. Gen. Pl. **3（2）**: 536. 1898.

菌盖径 4~7 cm，半球扁圆形，平滑，不具皱纹，湿时微黏，干后光滑，呈金黄色、硫磺色，初有微绒毛，后期平滑。手摸有绒毛感的盖缘有撕裂的缘膜，幼时缘膜遍盖子实层，硫磺色、柠檬黄色，膜质较厚。菌肉乳黄色，伤后变蓝，转褐，口尝有酸味，嚼后转苦。

菌管 5~8 mm 长。管孔圆多角形，2~3 枚/mm，黄色，伤后变色缓慢，渐变呈褐黄色。菌管髓菌丝有中心束，向边双叉分。菌柄粗棒状，近等粗，5~12×0.4~1.4 cm，内实；柄肉白色至淡黄色；菌柄基部菌丝黄色。担子棒状，24~36×10~14 μm。担孢子椭圆形，近卵形，透明，壁光滑，8~10.5×4~5 μm。侧缘囊状体，腹鼓状，簇生，30~46×7~12 μm。管缘囊状体与侧缘囊状体形状相似。

种名释义：ravenelii，纪念植物和菌物学家 Henry Willim Ravenel（1814~1887）。

模式产地：美国：South Carolina, Santee Canal, 1853. Ravenel 810（K）。

生境与已知树种组合：与阔叶落叶树和针叶树有菌根组合关系，生于多种树混交的林下。也生于南方铁杉 *Tsuga tchekiangensis* Flous 林下。

国内研究标本：福建：黄岗山，南方铁杉 *Tsuga tchekiangensis* Flous 林下, 23. VIII. 2000. 钱小铭 823033；三明，24. VI. 1975.谭惠慈 2263（HKAS 10257）。台湾：南投，800m, 23. IX. 1994.陈建名 CM 713。海南：乐东，尖峰岭，800 m, 17. VIII. 1999.袁鸣生 4308（HKAS 34732）；尖峰岭，天池，30. VII.1981.弓明钦 81121（HKAS 22441）。四川：西昌，螺髻山，2500 m, 混交林下, 26. VIII. 1983.袁明生 193（HKAS 11818）；西昌，泸山，2000 m, 4. X. 1983. 袁明生 271（HKAS 11974）；蒲江，大尖乡，650 m, 25. VII. 1985.袁明生 1013（HKAS 15844）；威远，新场，针叶林下，700 m, 12. VII. 1985. 袁明生 1051（HKAS 15875）。云

南：丽江，玉龙山，玉峰寺，2000m, *Pinus armandii* Mast. 林下，31. VII. 1995. 臧穆 12488（HKAS 30047）；思茅，菜阳河，洗马场，1400 m, 17. VI. 2000. 臧穆 13323（HKAS 36255）；腾冲，永蜂洞，1900 m, 19. VII. 1979.郑永康 79039（HKAS 4889）；腾冲，中和，小河山，栎林地，4. VIII. 1977. 黎兴江 437（HKAS 40159）；同地，古永，1860 m, 21. VII. 1979. 郑永康 79060（HKAS 4927）；同地，中和，铁公山，松林下，5. VIII. 1977. 黎兴江 532（HKAS 3368）；昆明，黑龙潭，2000 m, 30. IX. 1979. 臧穆 4101（HKAS 4639）；禄丰，一平浪，桃树箐，1720 m, 8. VII. 1978. 郑文康 786097（HKAS 4477）；丘北，松林下，5. VIII. 1977. 臧穆 2799（HKAS）；剑川，中羊，2500 m，云南松 *Pinus yunnanensis* Fr. 林下，臧穆 10635（HKAS 17401）；澜沧江，葵能，1680 m，松林下，29. VII.1980.郑文康 80032（HKAS 12025）；南涧，无量山，凤凰岭，栎林下，2300 m, 15. VIII. 2001. 臧穆 13885（HKAS 38628）；绿春，分水岭，1600 m, 25. IX. 1973. 陶德定 154（HKAS）。

分布：全球普遍分布，为多种树种的菌根菌。其明亮的金黄色泽，在林下很显眼，令人注目。其体表面的黄粉极为明显，且菌体的金黄色，标本干后，色泽永存。

XIII. 5. 网盖粉末牛肝菌 图 22：5—8

Pulveroboletus reticulopileus M. Zang et R. H. Petersen, Mycotaxon **80**: 484. 2001.

菌盖半圆形，馒头形，径 4~5.5 cm，后期近平展；盖表金黄色、黄色。具网状脉络，脉脊高 1~1.8 mm，阔 0.5~1 mm，金黄色、淡黄色。网孔下陷，呈火山口状，黄褐色、茶褐色。菌盖肉 3~7 mm，黄色、淡黄色，伤后不变色。菌管长 5~9 mm，黄色、灰色、紫褐色；菌管单层，圆多角形，7~10 枚/ cm。菌管髓菌丝平行列，微双叉分。菌肉口尝微苦。子实层膜初完整，较厚，淡黄色，后期撕裂。柄菌棒状，近等粗，基部微呈臼状，5~8×1~1.5 cm，金黄色，柄上部缘残存。担子顶部微张开，基部渐细，20~25×12~16 μm。担孢子 4 枚，呈椭圆形、狭卵形，9~17×5~6.5 μm。侧缘囊状体和管缘囊状体均呈纺锤状，30~50×5~15 μm。柄基菌丝黄色。未见锁状联合。

种名释义：reticulo 拉丁文：具网状的，pileus 菌盖，言菌盖表具网状脉络。

模式产地：云南，大理，点苍山，3420 m，杉飓亭附近，长苞冷杉 *Abies georgei* Orr. 林下，臧穆 13697（HKAS 36696）。

生境与已知树种：已知多生于长苞冷杉 *Abies georgei* Orr. 和杜鹃属 *Rhododendron* 林下。

国内研究标本：云南：大理，点苍山，杉飓亭附近，3420 m, 7. IX. 2000. 臧穆，13697（HKAS 36696）；龙陵，龙江，2100 m，石栎属 *Lithocarpus* 林下，5. IX. 2002.杨祝良 3470（HKAS 41539）。

分布：现知为云南特有。

讨论：与本种相组合的树种，在海拔 3000 m 以上为冷杉，2000 m 附近或以下为石栎。

XIII. 6. 网柄粉末牛肝菌 图 22：9—12

Pulveroboletus retipes（Berk. et M. A. Curtis）R. Singer, American Midland Naturalist **37**: 9~10. 1947.

—— *Boletus retipes* Berk. et M. A. Curtis, Grevillea **1**: 36. 1872.

—— *Boletus ornatipes* Peck, Ann. Rep.N. Y. State Mus. **29**: 67. 1878.

—— *Suillus retipes* Kuntze, Rev. Gen. Pl. **3(2)** : 536. 1898.

—— *Ceriomyces retipes* Murrill, Mycologia **1**: 151. 1909.

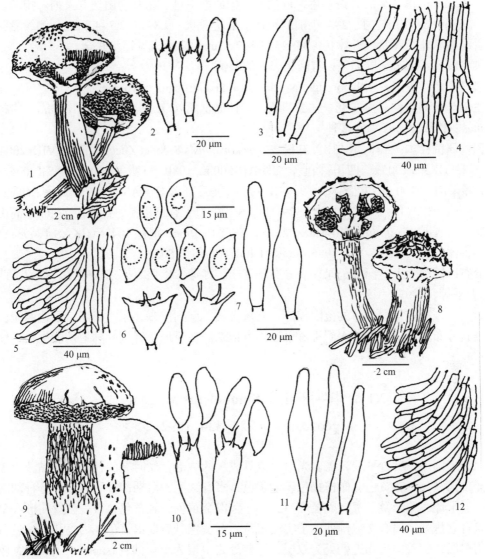

图(Fig.)22：1—4. 粉末牛肝菌 *Pulveroboletus ravenelii*（Berk. et M.A. Crutis）Murrill, 1. 担子果 Basidiocarps, 2. 担子和担孢子 Basidia and basidiospores, 3. 侧缘囊状体 Pleurocystidia, 4. 菌管髓 Tubetrama；5—8. 网盖粉末牛肝菌 *Pulveroboletus reticulopileus* M. Zang et R. H. Petersen, 5. 菌管髓 Tubetrama, 6. 担子和担孢子 Basidia and basidiospores, 7. 侧缘囊状体 Pleurocystidia, 8. 担子果 Basidiocarps；9—12. 网柄粉末牛肝菌 *Pulveroboletus retipes*（Berk. et M. A. Curtis）R.Singer, 9. 担子果 Basidiocarps, 10. 担子和担孢子 Basidia and basidiospores, 11. 侧缘囊状体 Pleurocystidia, 12. 菌管髓 Tubetrama。（臧穆 M. Zang 绘）

菌盖初期半圆形，后期近平展，子弹壳黄褐色（cartridge buff），深黄色、橄榄黄色、稻草黄色或香黄色，盖缘近烟灰色，表面往往被粉状颗粒，以盖边缘为甚。盖表平展，略有皱褶，呈缓丘状，湿时较黏，后干燥，手摸有干粉质感。盖缘有时具狭窄的膜质边，盖径 5~8(10)cm。盖肉淡黄色，厚 0.5~1.8 cm，无异味，口尝微苦。菌肉松软，伤后变色缓慢，微呈烟灰色、烟褐色，不呈蓝色。子实层柠檬黄色，管口 0.3~1 mm，圆多角形，管长 8~12 mm。菌管老后为锈黄色，近柄处贴生或微下延。菌管髓菌丝双叉列。担子长棒状，26~30×8~11 μm。具 2~4 小柄。担孢子近纺锤状，9.8~13×3.7~4.8 μm。侧缘囊状体和管缘囊状体纺锤状、近棒状，33~45×5.5~7.5 μm。菌丝未见锁状联合。

种名释义： retipes 拉丁文：有网状表面的菌柄。

模式产地： 美国，Hillsborough, North Carolina, Curtis no. 6416(K)。

生境与已知树种： 往往见于林缘草地，树种如栎属 Quercus、桦木属 Betula、赤杨属 Alnus、松属 Pinus 等的多种。

国内研究标本： 吉林：长白山，红松 Pinus koraiensis Sieb. et Zucc.林下，8. VIII. 2004. 黎兴江 78(HKAS 19039)。四川：西康，二郎山，2500 m，1980. 袁明生 250(HKAS 12004)；西昌，螺髻山，2100 m，混交林下，9. VIII. 1983. 袁明生 82(HKAS 11917)。云南：维西，羊场，草地，30. VIII. 1983.郑文康 8379(HKAS 12093)；香格里拉，吉沙，3400 m，高山栎 Quercus semicarpifolia Hand-Mazz. 林下，26. VII. 1986. 臧穆 10476(HKAS 17493)；同地，吉沙，3300 m, 26. VII. 1986. 臧穆 10408(HKAS 17505)。

分布： 国内除上述标本记录外尚分布于辽宁、江苏、广西、广东、安徽、福建、西藏(邵力平等，1997)。

讨论： 该种在我国分布的范围较广，北从吉林，南到广东，东由江浙，西达西藏。在北美其分布亦广，从加拿大到佛罗里达均有记录。在草地、针阔叶林地均能生长，故其产量较大。

XIV. 华牛肝菌属 Sinoboletus M. Zang

Mycotaxon 45: 223~334. 1992.

菌盖半圆形，后近平展，盖表光滑，或具成簇的绒毛，幼时有的种表面具黏液。盖表色泽多褐黄色、赭黄色、橄榄褐色、金黄色；多有绒毛，后期部分脱落，部分种幼时黏滑，后干燥；盖缘微下弯，盖径 2~12 cm。菌肉金黄色、乳黄色。盖表菌丝柱形，呈珊瑚状直立排列，偶有交织排列。子实层黄色、金黄色，后期褐黄色，为复孔型，近盖缘处为单层；在盖中央和近柄处为双层，近盖处之上层为上位菌管(superior tubes)，较狭而短，一般 0.1×0.1~0.3 mm，近腹面的下层为下位菌管(inferior tubes)，较粗而长，一般 0.2~0.3~0.8(15) mm；孔口圆多角形；孔壁较厚。菌柄中生，棒形，近等粗，柄基微膨大；柄表有纵条纹，一般不具网纹，色泽较盖为深。菌柄菌丝金黄色、黄色。担子短棒状。担孢子近椭圆形、阔杏仁形、卵圆形，不呈长棒形，壁光滑，金黄色。侧缘囊状体和管缘囊状体多为纺锤形、长纺锤形。未见锁状联合。

全属现知 11 种，记录于云南、贵州、台湾等东亚地区的季雨林下。

属名释义： Sino 中国的，言首次在中国采到，Boletus 牛肝菌属。

属模式种： 华牛肝菌（重孔华牛肝菌）Sinoboletus duplicatoporus M. Zang。

模式产地：中国，云南，哀牢山。

华牛肝菌属分种检索表

1. 菌盖表具绒毛至平滑，白色。菌肉乳黄色，伤后不变色 ··
   ·· **XIV. 1.** 白色华牛肝菌 *Sinoboletus albidus*
1. 菌盖表非白色 ··· 2.
   2. 菌盖表幼时具黏液 ··· 6.
   2. 菌盖表不具黏液 ··· 3.
3. 子实层金黄色，下位菌管(inferior tubes)的孔口 5~9 枚/cm ··································· 4.
3. 子实层浅金黄色、黄色，下位菌管孔口 10~14 枚/cm ··· 5.
   4. 菌盖黄褐色、红褐色；下位菌管孔口 5~7 枚/cm；担孢子直径为 15.6~20.8×9~14 μm
      ·· **XIV. 8.** 巨孢华牛肝菌 *S. magnisporus*
   4. 菌盖橘黄色；下位菌管孔口 2~4 枚/cm；担孢子直径为 10.1~11.7×7.8~9.1 μm
      ·· **XIV. 7.** 大孔华牛肝菌 *S. magniporus*
5. 菌盖红褐色，子实层金黄色；下位菌管孔口 8~10 枚/cm；担孢子 10~11.5×3.9~7 μm ···········
   ·· **XIV. 2.** 华牛肝菌 *S. duplicatoporus*
5. 菌盖色泽较淡，淡褐色、淡煤褐色；下位菌管孔口约 15~20 枚/cm ······························ 7.
   6. 菌盖表血红色；菌肉乳黄色伤后不变色；担孢子直径为 9~14×5~56 μm
      ·· **XIV. 4.** 黏盖华牛肝菌 *S. gelatinosus*
   6. 菌盖表淡玫瑰红色；菌肉黄色，伤后变蓝；担孢子直径为 10~12×5~5.6μm
      ·· **XIV. 10.** 叔群华牛肝菌 *S. tengii*
7. 菌盖深褐色；子实层金黄色；菌肉深黄色，伤后不变色；担孢子直径为 6.5~13×3~5 μm ············
   ·· **XIV. 6.** 前川华牛肝菌 *S. maekawae*
7. 菌盖淡褐色至深褐色；菌肉乳白色或淡黄色；担孢子直径约为 8~16×5~8 μm ····················· 8.
   8. 菌盖褐色至深黑褐色；下位菌管孔径 0.5~0.7 mm。担孢子 7.8~14.5×5~7 μm ···················
      ·· **XIV. 3.** 褐色华牛肝菌 *S. fuscus*
   8. 菌盖锈褐色、金褐色、黄褐色；下位菌管孔径 0.2~0.5 mm ···································· 9.
9. 菌盖金褐色、深锈褐色；柄上部有网络纹；担孢子 13~15.6×6~8.5 μm ···························
   ·· **XIV. 5.** 贵州华牛肝菌 *S. guizhouensis*
9. 菌盖色泽较淡，稻草秆色；柄上部有纵条纹 ·· 10.
   10. 菌盖稻秆黄色、淡褐色，暗枯草褐色；担孢子 8~10×5~5.9 μm ·································
       ·· **XIV. 9.** 梅朋华牛肝菌 *S. meipengii*
   10. 菌盖红色；下位菌管长 2~4 mm，孔径 0.2~0.4 mm；担孢子 6~16×4~6 μm ······················
       ·· **XIV. 11.** 蔚青华牛肝菌 *S. wangii*

Key to species of the genus *Sinoboletus*

1. Pileus surface tomentose to smooth, whitish; context whitish-yellow, unchanging on exposure. ···················
   ·· **XIV. 1.** *Sinoboletus albidus*
1. Pileus not whitish ··· 2.

2. Pileus surface gelatinized when young ··· 6.

2. Pileus surface not gelatinized when young ··· 3.

3. Hymenium golden-yellow; the pores of inferior tubes large, 5~9/ cm ··················· 4.

3. Hymenium pale golden-yellow; the pores of inferior tubes small, 10~14/ cm ········· 5.

   4. Pileus yellowish-brown to reddish-brown; the pores of inferior tubes 5~7/cm; basidiospores 15.6~20.8×9~14 μm ·· **XIV. 8.** *S. magnisporus*

   4. Pileus aureolin yellow; the pores of inferior tubes 2~4/ cm. Badidiospores. 10.1~11.7× 7.8~9.1 μm ·· **IV. 7.** *S. magniporus*

5. Pileus reddish brown, hymenium golden-yellow; pores of inferior tubes 8~10/ cm; basidiospores 10~11.5×3.9~7 μm ·· **XIV. 2.** *S. duplicatoporus*

5. Pileus pale brown or palely fumaginous, pores of inferior tubes 15~20/ cm ············ 7.

   6. Pileus blood-reddish colour, context whitish-yellow, unchanging on exposure; basidiospores 9~1 4×5.5~6 μm ··· **XIV. 4.** *S. gelatinosus*

   6. Pileus pale rose, rubyred, context yellowish, changing blue on exposure; basidiospores 10~12 ×5~5.6 μm ·· **XIV. 10.** *S. tengii*

7. Pileus dark brown, dark sordid-brown.Hymenophore golden-yellow, unchanging on exposure; basidiospore 6.5~13×3~5 μm ··· **XIV. 6.** *S. maekawae*

7. Pileus pale brown to deep brown, context whitish; basidiospores 8~16×5~8 μm ········· 8.

   8. Pileus brown to dark brown. Pores diam. of inferior tubes 0.5~0.7mm; basidiospores 7.8~14.5 ×5~7 μm ·· **XIV. 3.** *S. fuscus*

   8. Pileus golden-brown, yellowish-brown. Pores diam. of inferior tubes 0.2~0.5 mm ········· 9.

9. Pileus golden-brown, rubiginose-brown, Stipe with reticulate on the apex. Basidiospores 13~15.6×6~8.5 μm ··· **XIV. 5.** *S. guizhouensis*

9. Pileus usually pale or reddish colour, but not darkish. Stipe with longitudinally stretched ············· 11

   10.Pileus pale brown, somber-brown, straw-brown; basidiospores 8~10×5~5.9 μm ········ **XIV. 9.** *S. meipengii*

   10. Pileus reddish colour, inferior tubes 2~4 mm long, 0.2~0.4 mm diam; basidiospores 6~16×4~6 μm ····· **XV. 11.** *S. wangii*

XIV. 1. 白色华牛肝菌　　图 23：1—4

Sinoboletus albidus M. Zang et R. H. Petersen, Acta Botanica Yunnanica 26(6)：623. 2004.

菌盖阔 3~4(5)cm，中部微凸，扁平圆形，初有绒毛，后平滑，干燥，白色、乳白色、污白色。菌肉白色、乳白色、微乳黄色，伤后不变色。子实层金黄色、艳黄色。菌管双层，上位菌管 0.1~0.2×0.1~0.15 mm，下位菌管 0.8~1 mm，近柄处贴生。菌孔不规则多角形，11~12 枚/cm。菌管髓菌丝平行列。菌柄棒形，近等粗，基部略膨大，淡黄色、乳白色，表平滑。担子阔棒状，20~40×11~16 μm。担孢子椭圆形、长椭圆形，透明，淡黄色，9~16×4~5 μm。侧缘囊状体棒状，32~45×10~15 μm。管缘囊状体纺锤状，35~50×15~20 μm。

柄基菌丝白色、乳白色。无锁状联合。

种名释义：albidus 拉丁文：白色的，言菌盖呈白色。

模式产地：中国，云南，龙陵，大雪山，2300 m，2002 年，杨祝良 3379（HKAS 41448）。

生境与已知树种组合：常见于石栎 *Lithocarpus dealbatus*（DC.）Rehd. 和锥栎 *Castanopsis fleuryi* Hick. et A. Camus 林下。

国内研究标本：云南：龙陵，大雪山，苗峰，2100~2300 m，28. VIII. 2002. 杨祝良 3315（HKAS 41384）。

分布：见于云、贵、川高山带。

讨论：本菌外形色泽近似白牛肝菌 *Boletus albidus* Rosques，但本种的子实层为复孔，且孔表色淡，为白色或乳黄色；菌柄表面光滑，无网纹。

XIV. 2. 华牛肝菌　　图 23：5—8

重孔华牛肝菌

Sinoboletus duplicatoporus M. Zang, Mycotaxon **45**：224. 1992.

菌盖径 2~3 cm，中部微凸，半圆形，后期近平展；被绒毛，微皱，后近平滑，锈红色、红褐色、皮革红色、鹿皮褐色。盖表菌丝呈直立珊状。菌盖肉黄色，伤后不变色。子实层金黄色、黄色。菌管复孔型，上位菌管较小，0.2~0.3×0.1 mm。下位菌管较大，0.3×0.2 mm。管孔口圆多角形。菌柄近棒状或纺锤状，基部渐细，3~4×0.7~1.2 cm。基部菌丝黄色。担子椭圆形、近圆形，15~20×10~12 μm。担孢子椭圆形、杏仁形，10~11.5×3.9~7 μm。侧缘囊状体纺锤形，20~25×9~13 μm，簇生，较密集。管缘囊状体棒状，25~35×10~15.6 μm。未见锁状联合。

种名释义：duplicatoporus 拉丁文：双层孔的，言子实层具双层孔。

模式产地：中国，云南，景东县，哀牢山，2350 m，27. VIII. 1991.宋刚 344（HKAS 23687）。

生境与已知树种组合：多生于锥栎（*Castaneea catathiformis*（Skan）Rehd. et Wils）林下。

国内研究标本：仅见于云南南部。

分布：越南北部有记录，未见标本。

讨论：习见于长绿阔叶壳斗科植物林下，在越南、老挝等同类型的季雨林下，均有这种菌分布，因菌体较小，往往被忽略。

XIV. 3. 褐色华牛肝菌　　图 23：9—12

Sinoboletus fuscus M. Zang et C. M. Chen, Fungal Science **13**（1, 2）：23. 1998.

菌盖径 4~4.5 cm，中央微凸起，后期近平展；菌盖缘微内卷，表面干燥，有细绒毛，鹿皮褐色、土褐色至深茶褐色。盖肉厚 0.5~1.5 cm，淡乳白色、灰白色，伤后微呈蓝色，变色缓慢。菌肉口尝无异味，闻之有菌香气。子实层暗黄色、灰黄色，伤后孔表近茶褐色。菌管复孔，双层，上位菌管 1~1.2×0.5~0.7 mm；下位菌管 1.2~2.2×0.8~1 mm；管口近圆多角形，11~15 枚/ cm。菌管髓菌丝双叉分排列。菌柄棒状，等粗，柄基微膨大；柄表光滑，无网纹，有纵条纹，上部淡黄色、淡褐色，中下部深黄褐色，伤后变黑褐色；老后中上部有环状撕裂，1 至数环。担子圆棒状，10~20×6~8 μm。担孢子杏仁形、椭圆形，7.8~14.5×5~7.5 μm，淡黄色，透明。侧缘囊状体腹鼓状、纺锤状，22~45×9~18.2 μm，淡褐色。管缘囊状体纺锤状、棒状，22~35×8~15 μm。未见锁状联合。

种名释义：fuscus 拉丁文：褐色的，言菌盖色泽呈褐色。

模式产地：台湾，南投县，杉林溪，6. XII. 1996. 陈建名 850394（HKAS 30317）。

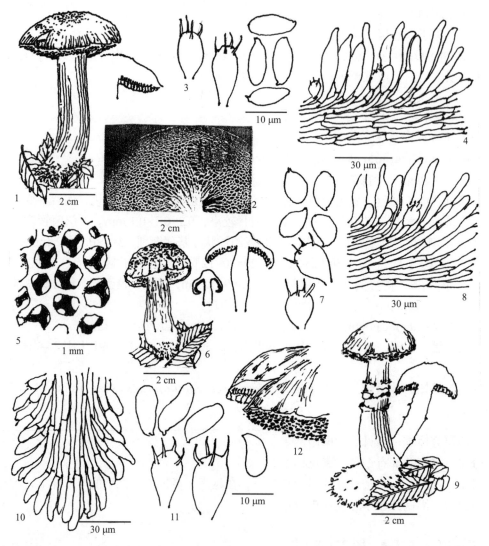

图（Fig.）23：1—4. 白色华牛肝菌 *Sinoboletus albidus* M. Zang et R. H. Petersen, 1. 担子果 Basidiocarps, 2. 子实层 Hymenium, 3. 担子和担孢子 Basidia and basidiospores, 4. 菌管髓和囊状体 Tubetrama with cystidia；5—8. 华牛肝菌 *Sinoboletus duplicatoporus* M. Zang, 5. 子实层 Hymenium, 6. 担子果 Basidiocarps, 7. 担子和担孢子 Basidia and basidiospores, 8. 菌管髓和囊状体 Tubetrama with cystidia；9—12. 褐色华牛肝菌 *Sinoboletus fuscus* M. Zang et C. M. Chen, 9. 担子果 Basidiocarps, 10. 菌管髓和囊状体 Tubetrama with cystidia, 11. 担子和担孢子 Basidia and basidiospores, 12. 子实层 Hymenium。（臧穆 M. Zang 绘）

生境与已知树种组合：以石栎 *Lithocarpus* 林为主。间有松林。

国内研究标本：台湾，南投县，杉林溪，6. XII. 1996.陈建名 850394（HKAS 30317）。

分布：现仅发现于台湾。

讨论：这是一个色泽较深，体态较小，子实层较薄的华牛肝菌。可能是一个亚洲季雨林带特有的成员。

XIV. 4. 黏盖华牛肝菌　图 24：1—4

Sinoboletus gelatinosus M. Zang et R.H. Petersen, Acta Botanica Yunnanica **26**(6): 625. 2004.

菌盖半圆形，盖表光滑或微有小型凹陷，幼时具黏液，后期干燥。盖表红色、枣红色、砖红色。盖径 4.5~6 cm。菌盖肉厚 0.5~2 cm，乳白色、白色，伤后不变色，无异味，生尝微酸。子实层黄色、金黄色。菌管双层，上位菌管 0.1~0.2×0.1~0.15 mm。下位菌管 2~4×0.1~0.2 mm。菌管口圆多角形，14~20/cm。菌管髓菌丝平行列。菌柄柱状，近等粗，4~6×0.5~1 cm，基部略呈臼形，柄表光滑，无网纹。柄表砖红色、污红褐色；柄基部菌丝淡黄色。担子短棒状、椭圆形，16~20×8~11 μm。担孢子椭圆形、近纺锤形，9~14×5.5~6 μm。侧缘囊状体和管缘囊状体均呈纺锤形，35~55×16~20 μm。未见锁状联合。

种名释义：gelatinosus 拉丁文：具胶质的，言菌体表面幼时具胶状物质。

模式产地：中国，云南，景东县，哀牢山，2400 m，5. X. 2002.臧穆 14145（HKAS 41090）。

生境与已知树种组合：见于木果石栎 *Lithocarpus xylocarpus*（Kurz.）Markg. 林下。

国内研究标本：云南，景东县，哀牢山，2400 m，5. X. 2002.臧穆 14145（HKAS 41090）。

分布：仅见于云南。

讨论：体表具黏液；盖表呈红色，光滑，并具光泽，是本种明显外表特征。

XIV. 5. 贵州华牛肝菌　图 24：5—8

Sinoboletus guizhouensis M. Zang et X.L. Wu, Acta Mycologica Sinica **14**(4): 251. 1993.

菌盖宽 4~6 cm，初中凸，呈半圆形，后平展而中微凸，呈小丘状，表面干，皱而被绒毛，锈褐色、金褐色。盖表菌丝交织型，菌丝粗 4~8 μm。盖肉厚 0.5~1.2 cm，淡黄色，伤后不变色。子实层表面金黄色、淡黄色。菌管具双层，下层菌管 0.2~0.3×0.1 mm。上层菌管 0.1×0.1 mm，菌管近柄处贴生，弯曲贴生。下层菌管孔近圆形、圆多角形，15~20枚/ cm。菌管髓菌丝近平行列，中央微两侧分。菌柄粗棒形，上部渐细，中下部微粗，基部多膨大。柄表上部有明显网络，柄表红色或锈红色、污红色，网纹脊色深。柄基菌丝黄色。担孢子卵形或椭圆形，13~15.6×5~8 μm，金黄色，壁平滑。在梅氏液下呈褐黄色。侧生囊状体棒状，20~35×6~10 μm。管缘囊状体近纺锤形、棒形，20~35×6~15 μm。未见锁状联合。

种名释义：guizhouensis，原记录采于贵州省。

模式产地：贵州省，威宁县，黑石头，VIII. 1992. F. L. Zhou 4002（HKAS 29186）。

生境与已知树种组合：多生于石栎属 *Lithocarpus* 林下。

国内研究标本：贵州省，威宁县，黑石头，VIII. 1992. F. L. Zhou 4002（HKAS 29186）。

分布：现知仅产于贵州。

讨论：本种是一个仅见于钙质土环境下生长的菌类。广西和滇东南有待发现。

XIV. 6. 前川华牛肝菌　图 24：9—11；彩色图版 V: 9

Sinoboletus maekawae M. Zang et R.H. Petersen, Mycotaxon **80**: 486. 2001.

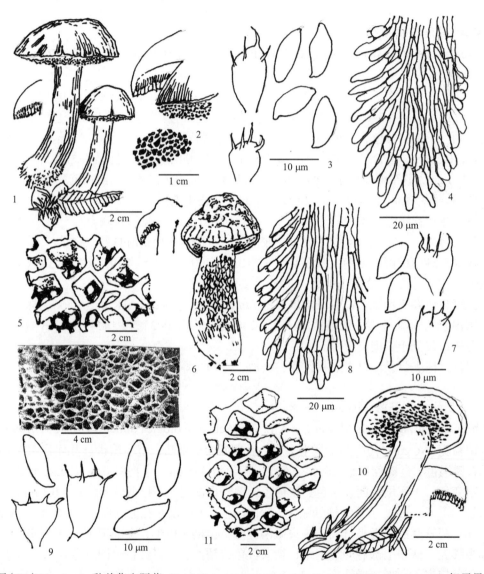

图 (Fig.) 24：1—4. 黏盖华牛肝菌 *Sinoboletus gelatinosus* M. Zang et R.H. Petersen, 1. 担子果 Basidiocarps, 2. 子实层 Hymenium, 3. 担子和担孢子 Basidia and basidiospores, 4. 菌管髓和囊状体 Tubetrama with cystidia；5—8. 贵州华牛肝菌 *Sinoboletus guizhouensis* M. Zang et X.L. Wu, 5. 部分子实层 A part of hymenium, 6. 担子果 Basidiocarps, 7. 担子和担孢子 Basidia and basidiospores, 8. 菌管髓和囊状体 Tubetrama with cystidia；9—11. 前川华牛肝菌 *Sinoboletus maekawae* M. Zang et R. H. Petersen, 9. 担子和担孢子 Basidia and basidiospores, 10. 担子果 Basidiocarps, 11. 子实层 Hymenium。（臧穆 M. Zang 绘）

菌盖半圆形，后近扁圆形，径 2.5~5 cm，表面干燥，深咖啡色、墨茶色、深赭色，具短绒毛，平坦，无皱纹。盖肉厚 0.5~1.2 cm，金黄色，伤后变色不明显，微呈褐色。子实层金黄色、亮黄色。菌管双层，上层菌管 0.1~0.3×0.1~0.2 mm，下层菌管 2~4×0.1~0.3 mm；菌管口不规则多角形，柠檬黄色、深黄色。菌柄棒状，近等粗，表部不具网纹，透明淡黄色。担子狭棒状，15~20×7~10 μm。担孢子椭圆形，壁光滑，透明，淡黄色，6.5~13×3~5 μm。侧缘囊状体和管缘囊状体均呈纺锤棒状，35~40×10.5~17 μm。未见锁状联合。

种名释义： 种名系纪念日本菌物学家前川二太郎（Dr. Nitaro Maekawa），为本种的首次采集者。

生境与已知树种组合： 见于长苞冷杉 *Abies georgei* Orr. ，石栎 *Lithocarpus dealbatus*(Hook. f. et Thoms. ex Mq.) Rehd.林下。

国内研究标本： 云南，点苍山，杉飓亭，3420 m，生于长苞冷杉 *Abies georgei* Orr. 及滇石栎 *Lithocarpus dealbatus* (Hook.f. et Thoms. ex Mq.) Rehd.林下 7. IX. 2000 前川二太郎.（Meakawa）& M. Zang 13698（HKAS 36698）。

分布： 云南。

讨论： 本种已知仅见于我国西南高山带。

XIV. 7. 大孔华牛肝菌　图 25：1—5

Sinoboletus magniporus M. Zang, Mycotaxon **45**: 226. 1992.

菌盖扁平，中部渐凸，后近平展，径 14~20 cm；表面具绒毛，呈簇生的小团块状，干燥，呈金黄色、橘黄色；菌盖缘淡黄色、淡褐色。菌盖表菌丝近纺锤形，珊状直立。菌盖肉后 2~4 cm，黄色，伤后不变色。无异味，生尝微酸。子实层金黄色、黄色。菌管复生型，具两层菌管，上层菌管 1~2×0.5~1 mm。下层菌管 8~15×3.5~4.5 mm；菌管口近圆形、多角形、不规则方形，1~2 枚/ cm，近柄处贴生或微下延。菌柄柱状，近等粗，12~18×3~4.5 cm，基部微膨大，柄表有纵条纹，无网状纹；柄表黄色、污黄色；柄基菌丝黄色。担子短棒状，15~25×8~10 μm。担孢子卵形、椭圆形，10~11.7×7.8~9.1 μm，淡黄色。侧缘囊状体纺锤形，40~55×10.4~12 μm。管缘囊状体阔纺锤形 40~50×14~16 μm。未见锁状联合。

种名释义： magniporus 拉丁文：大型管孔。

模式产地： 云南，绿春县，大黑山，1300 m，2. X. 1973.臧穆 245（HKAS 245）。

生境与已知树种组合： 多生于长绿阔叶林下，如栎树 *Castanea fleuryis* Hick. et A. Camus 林下。

国内研究标本： 云南，绿春县，大黑山，1300 m, 2. X. 1973.臧穆 245（HKAS 245）。

分布： 云南。

讨论： 仅见于湿热地区的酸性土壤。本种菌体和菌管口径均较大；子实层金黄色，色较艳，伤后变色不明显。

XIV. 8. 巨孢华牛肝菌　图 25：6—9

Sinoboletus magnisporus M. Zang et C.M. Chen, Fungal Science **13**(**1, 2**)：24. 1998.

菌盖半圆形，径 3~4(5) cm，表面干燥，后期近平展，中央隆起；黄褐色、土褐色、红褐色，幼时盖中央暗红色。盖肉厚 0.5~1 cm，黄色，伤后变色不明显；后期呈暗褐色。子实层黄色，菌管双层，上层菌管 0.1~0.3×0.9~1 mm；下层菌管 2~3.5×2~3 mm；菌管口不规则多角形，5~9 枚/ cm。菌柄棒状，近等粗。基部微膨大，5~6.5×0.6~1.2 cm，红褐色，近菌管处，黄橙色，具纵条纹。基部菌丝近淡黄色。菌管髓菌丝平行交织，微双叉分。担子短棒状、棒状，25~30×9~14 μm。担孢子长椭圆形，透明，淡褐色，15.6~20.8×9~14 μm。侧缘囊状体纺锤状，20~35×9~13 μm。管缘囊状体阔纺锤形，30~52×10~15 μm。未见锁状联合。

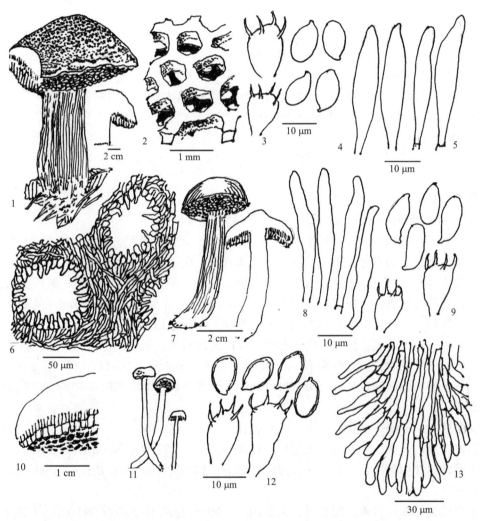

图(Fig.) 25：1—5. 大孔华牛肝菌 *Sinoboletus magniporus*, M. Zang, 1. 担子果 Basidiocarps, 2. 子实层 Hymenium, 3. 担子和担孢子 Basidia and basidiospores, 4. 侧缘囊状体 Pleurocystidia, 5. 管缘囊状体 Cheilocystidia；6—9. 巨孢华牛肝菌 *Sinoboletus magnisporus* M. Zang et C. M. Chen, 6. 菌管髓 Tubetrama, 7. 担子果 Basidiocarps, 8. 侧缘囊状体 Pleurocystidia, 9. 担子和担孢子 Basidia and basidiospores；10—13. 梅朋华牛肝菌 *Sinoboletus meipengii* M. Zang et D. Z. Zhang, 10. 子实层 Hymenium, 11. 担子果 Basidiocarps, 12. 担子和担孢子 Basidia and basidiospores, 13. 菌管髓 Tubetrama。（臧穆 M. Zang 绘）

种名释义：magni 拉丁文：大形的，sporus 孢子。

模式产地：台湾省，台中县，山椒山，25. X. 1994. H. W. Huang 831271（HKAS 30378）。

生境与已知植物组合：主要生于台湾杜鹃 *Rhododendron formosanum* Hemsl. 灌丛下。

国内研究标本：台湾省，台中县，山椒山，25. X. 1994. H. W. Huang 831271（HKAS 30378）。

讨论：在本属中，这是一个担孢子体积较大的物种。

XIV. 9. 梅朋华牛肝菌 图 25：10—13

Sinoboletus meipengii M. Zang et D.Z. Zhang, Acta Botanica Yunnanica **26**（6）：633. 2004.

菌盖较小，近似小伞属（*Mycena*）状，盖径 9~10 mm，盖中部初微凸，后平展而下凹；干燥，盖表稻秆黄色、褐黄色、深褐色、橄榄褐色。菌肉薄，0.5~2 mm，淡黄色，伤后变色不明显。盖缘薄，缘部菌管单层，盖中央部，菌管双层。子实层孔金黄色，上层菌管 0.1~0.2×0.1~0.2 mm，长阔相等，下层菌管 1~2×0.1~0.2 mm，孔口不规则多角形；菌管孔 7~10/ cm。菌管髓菌丝平行列。菌柄细长，等粗，内实，5~6×0.1~0.2 mm，柠檬黄色，柄表有纵条纹，无网纹。担子棒状，10~15×6~8 μm。担孢子阔髓圆形，8~10×5~5.9 μm。侧缘囊状体和管缘囊状体近纺锤形，17~25×6.5~8 μm。菌丝淡黄色。未见锁状联合。

种名释义：种名 meipengii 系纪念我国菌物学家陈梅朋教授（Prof. Mei Peng Chin，1902~1968）。

模式产地：云南，盈江县，昔马乡，勒新，3400 m,16 VII. 2003.王岚 128（HKAS 45011）。

生境与已知树种组合：多生于思茅松 *Pinus kesiya* var. *langbianensis*（A. Chev.）Gaussen 林下。

国内研究标本：云南，盈江县，昔马乡，勒新，3400 m,16 VII. 2003.王岚 128（HKAS 45011）。

讨论：这是一个体型极为纤细的华牛肝菌，如不是其具双层菌管的子实层，则很易被误认为是小伞属的真菌。

XIV. 10. 叔群华牛肝菌 图 26：1—6

Sinoboletus tengii M. Zang et Y. Liu, Acta Botanica Yunnanica **24**（2）：205. 2002.

菌盖中部渐凸，呈馒头形；表面幼时有黏液，光滑，后期干燥；径宽 3~5 cm，蔷薇红色、深红色，盖缘淡红褐色、污红色。盖肉厚 0.6~1 cm，黄色至乳黄色。伤后变蓝色；无异味，生尝微酸。子实层金黄色、黄色，较明艳，伤后变蓝转褐。菌管双层，上层菌管不规则交结，管孔口径宽窄不一，0.1~0.3×0.1~0.2 mm；下层菌管 0.2~0.3×0.2~0.5 mm。菌管髓菌丝平行列，近交织型；孔口 6~10 枚/ cm。菌柄圆柱形，近等粗，基部微膨大；表层有纵条纹，无网纹；色泽较盖为淡，基部近红褐色。菌丝淡黄色、乳黄色，5~6.5×0.5~1.2 cm。担子短棒状，20~30×10~15 μm。担孢子卵圆形、椭圆形，10~12×5~5.6 μm。侧缘囊状体近棒状，20~40×8~15 μm。管缘囊状体纺锤状，30~45×8~12 μm。未见锁状联合。

种名释义：种名 tengii 系纪念我国菌物学家邓叔群院士。

模式产地：我国福建省，武夷山，黄岗山，三港，桐木，1740 m,10. VIII. 2001.刘燕 10626005（HKAS 38754）。

生境与已知树种组合：多生于东南石栎 *Lithocarpus harlandii* Rehd.、硬叶石栎 *Lithocarpus hancei*（Berk.）Rehd.和南方铁杉 *Tsuga tchekiangensis* Flous 林下。

国内研究标本：福建省，武夷山，黄岗山，三港，桐木，1740 m,10 VIII 2001.刘燕 10626005（HKAS 38754）。

讨论：该菌盖及柄色泽艳红，见于针阔叶混交林，尤在热带季雨林，回归线附近的林下。

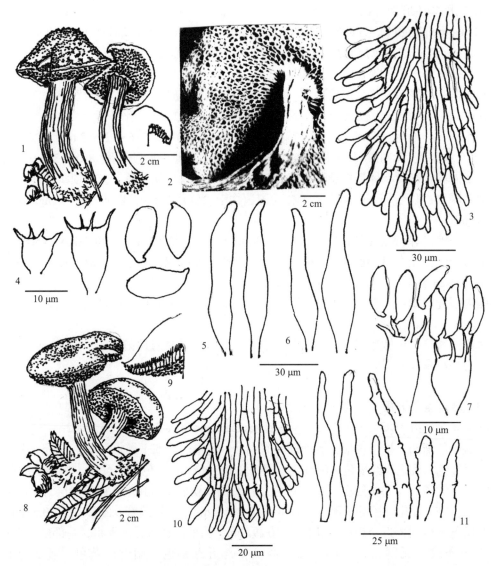

图（Fig.）26：1—6. 叔群华牛肝菌 *Sinoboletus tengii* M. Zang et Y. Liu, 1. 担子果 Basidiocarps, 2. 子实层 Hymenium, 3. 菌管髓 Tubetrama, 4. 担子和担孢子 Basidia and basidiospores, 5. 管缘囊状体 Cheilocystidia, 6. 侧缘囊状体 Pleurocystidia；7—11. 蔚青华牛肝菌 *Sinoboletus wangii* M. Zang, Z. L. Yang et Y. Zhang, 7. 担子和担孢子 Basidia and basidiospores, 8.担子果 Basidiocarps, 9. 子实层 Hymenium, 10. 菌管髓 Tubetrama, 11.侧缘囊状体 Pleurocystidia 和管缘囊状体 Cheilocystidia。（臧穆 M. Zang 绘）

XIV. 11. 蔚青华牛肝菌　　图 26：7—11

Sinoboletus wangii M. Zang, Zhu L. Yang et Y. Liu, Mycosystema **25**(3)：366. 2006.

菌盖中部微凸，呈缓丘状，后近平展，盖径 1.5~2.5 cm，具稀疏的绒毛；暗红色、锈红色、砖红色。菌盖肉厚 0.5~1 cm，黄色、淡黄色，伤后变蓝色。子实层黄色、金黄色，近柄处贴生或微下延。菌管双层，上层菌管 0.1~0.3×0.1~0.2 mm，下层菌管 2~4×0.2~0.4 mm；菌管孔不规则多角形，9~11 枚/ cm。菌柄棒状，近等粗，基部微膨大；柄表无网纹，仅有纵长的条纹和小颗粒；柄上端橙色，中部橙红色、红色，基部淡黄色，柄内实。担子近椭圆形，15~20×9~12 μm。担孢子长椭圆形，体积变异较大，6~16×4~6 μm。菌管髓菌丝平行列。侧缘囊状体棒状，表面有不规则的疣突，20~40×7~12 μm。管缘囊状体长纺锤形，20~45×7~16 μm。未见锁状联合。

种名释义：种名 wangii 系纪念我国菌物学家王云章(蔚青)教授。

模式产地：我国云南省，丽江地区，老君山，2600 m，石头乡，28. VIII. 2005.张颖 4407(HKAS 49906)。

生境与已知树种：多见于达氏栲 Castanopsis delavayi Franch.林下。

国内研究标本：云南省，丽江地区，老君山，2600 m，石头乡，28. VIII. 2005.张颖 4407(HKAS 49906)。

分布：现知仅见于云南。

讨论：这是一个菌体较纤细的华牛肝菌，且其侧缘囊状体表面有疣状突，可为鉴定该种的特征。

XV. 绒盖牛肝菌属 **Xerocomus** Quél.

Flor. Mycol., p. 417.1888.

Xerocomopsis Reichert, Palest. Journ. Bot. Reh. Ser., **3**: 229. 1940.

菌盖表面或多或少具有绒毛，初期绒毛全被，后期多呈簇生或龟裂，老后绒毛散生，盖表菌丝多成珊状直立。子实层不呈褶片状，但近菌柄处菌孔往往顺柄下延而呈长孔状，具有由菌管转化成菌褶的形态。菌管口平滑或具齿裂；菌孔稀下陷，多在柄表有下延的纵脊条。菌柄多呈棒状，近等粗，基部很少像牛肝菌属 Boletus 那样呈臼状膨大。柄表多具网纹，但没有像牛肝菌属那样明显，其网络较低弱，色泽也不明显。柄部不具缘膜。也无粉被。子实层土黄色、金黄色、污黄色，不像华牛肝菌属 Sinoboletus 和粉末牛肝菌属 Pulveroboletus 那样明艳金黄色。菌管髓菌丝多双叉列，未见明显的中心束。菌丝未见锁状联合。担子多呈棒状，少呈梨形。囊状体纺锤状、长棒状、不规则棒状，顶端未见晶体，多离生，少见簇生。菌肉乳白色、黄色，口尝微甘，微酸，少有苦味，多可食。为外生菌根菌，多与松科有菌根组合关系。本属已知有 2 种腹菌类的寄生菌。本属的系统位置，历有不同争论，由于其子实层菌管有孔管与褶片兼有的形态，其与褶孔牛肝菌属 Phylloporus、铆钉菇属 Gomphidius、桩菇属 Paxillus、牛肝菌属 Boletus、华牛肝菌属 Sinoboletus 均有亲缘关系，故尚是一个需要关注和深入研究的类群。本属是一个全球分布的属，全球 50 余种，我国已知 42 种。

属名释义：xeros 希腊文：干燥的，kome 毛发，来自拉丁文 coma，毛发，言菌盖多具绒毛。

属模式种：*Xerocomus subtomentosus*（L.: Fr.）Quél.原记录于欧洲。

绒盖牛肝菌属分组检索表

1. 侧缘囊状体异型；分布于高山带，海拔多在 3500~4000 m 间 ········ **XV. ii. 异囊体组 sect. *Miricystidi***
1. 侧缘囊状体非异型；分布多在 2800 m 以下 ·· 2.
  2. 担孢子较短，长度少于阔度的两倍；菌盖表面遇氨液变蓝色 ···
  ·· **XV. v. 亚褶孔绒盖牛肝菌组 sect. *Pseudophyllopori***
  2. 担孢子较长，长度为阔度的两倍；菌盖表遇氨液不变蓝色 ··· 3.
3. 寄生于其他真菌（硬皮马勃科 Sclerodermataceae 或地星科 Gastraceae）体上，菌肉伤后变蓝色，菌管变色不明显 ·· **XV. iii. 寄生组 sect. *Parasitici***
3. 非寄生型；菌肉伤后，明显变蓝，菌管也变蓝 ·· 4.
  4. 与多种阔叶林木有菌根组合，为共生型，非专主型 ··· 5.
  4. 与针叶树林木有菌根组合，为共生型，稀与阔叶树种组合 ·· 6.
5. 菌盖幼时表面黏滑，有浅色粒状毛团簇；担孢子较大，11~18（24）×4~5 µm ·····························
  ··· **XV. iv. 拟牛肝菌组 sect. *Pseudoboleti***
5. 菌盖表面不黏滑，有深褐色粒状绒毛团簇；担孢子较小，8~13×3.5~4.5 µm ··························· 6.
  6. 菌肉和菌管伤后明显变蓝；菌盖表有平展的绒毛；多生于温带和亚热带 ································
  ··· **XV. vi. 亚绒盖组 sect. *Subtomentosi***
  6. 菌肉伤后几不变色；菌盖表有粒状绒毛；多生于温带和热带 ···
  ··· **XV. i. 粒盖组 sect. *Maravici***

Key to sections of the genus *Xerocomus*

1. Pleurocystidia heteromorphic, distributed in alpine area（3500~4000 m alt.）········· **XV. ii. sect. *Miricystidi***
1. Pleurocystidia not heteromorphic, distributed below 2800 m. alt ··· 2.
  2. Basidiospores shorter（Q=2, or less）, reaction of the pileus surface with ammonia accurs blue colour ·····
  ·· **XV. v. sect. *Pseudophyllopori***
  2. Basidiospores elongate（Q=2~2.5）and reaction with ammonia not as described above ························ 3.
3. Parasitic on fungi（Families Sclerodermataceae, Gastreaceae）. Context not or scarcely bluing, not even in the tubes ······································· **XV. iii. sect. *Parasitici***
3. Not parasitic on other fungi（Sclerodermatiaceae, Gastriaceae）.Context potentially bluing. The fresh tubes usually bluing ·· 4.
  4. Symbiotic with different trees, usually under mixed forest, but not obligatorily ectomycorrhizal ··········· 5.
  4. Symbiotic with conifers and broad-leaved trees or other plants ··· 6.
5. Pileus viscid, pale yellowish, granulose and floccose. Basidiospores rather large,11~18（24）×4 µm ··············
  ·· **XV. iv. sect. *Pseudoboleti***
5. Pileus not viscid, but tomentose, with blackish granulose, floccose. Basidiospores 8~13×3.5~4.5µm ······· 6.

6. Context potentially bluing when cut, tumperbes bluing. Pileus tomentose. Distributed in subtropical and temperate areas ·· **XV. vi. sect. _Subtomentosi_**

6. Context unchanging when cut. Pileus granulose, tropical and temperate species ·······················
··· **XV. i. sect. _Maravici_**

XV. i. 粒盖组 sect. _Maravici_ Herink, Ces.Mycol.18 : 198. 1964.

组模式 (section typus)：_Xerocomus maravici_ (Vacek.) Herinki。

菌盖表面干燥，不黏滑。有簇生的绒毛，多集成颗粒状或凸起的锥角状。多见于高山混交林下的沙质土或排水良好的斜坡地。

绒盖牛肝菌属粒盖组分种检索表

1. 菌盖表的绒毛结成颗粒状；子实孔口多角形，口径 0.7~2 mm；菌肉伤后变蓝转黑 ·····························
······································· **XV. i. 3. 黑斑绒盖牛肝菌 _Xerocomus nigromaculatus_**

1. 菌盖表的绒毛平展，不呈颗粒状；菌肉伤后变色不明显 ·· 2.
  2. 与针叶林树种相组合 ··· 3.
  2. 与阔叶林树种相组合，或生于针阔混交林下 ·· 4.
3. 菌管基部与菌柄贴生 ··· 5.
3. 菌管基部与菌柄离生，明显下陷 ····························· **XV. i. 2. 颗粒绒盖牛肝菌 _X. moravicus_**
  4. 盖表肝褐色；菌肉淡黄至粉红色 ························· **XV. i. 1. 周氏绒盖牛肝菌 _X. cheoi_**
  4. 盖表深褐黑色；菌肉黄色 ····························· **XV. i. 4. 芝麻点绒盖牛肝菌 _X. nigropunctatus_**
5. 菌盖黄褐色；菌肉淡黄色；担孢子 7~10×4.5~5.5 μm ········· **XV. i. 5. 带点绒盖牛肝菌 _X. punctilifer_**
5. 菌盖红褐色；菌肉乳白色、白色；担孢子 8~13×3~5 μm ···
··· **XV. i. 6. 粒表绒盖牛肝菌 _X. roxanae_**

Key to species of sect. _Maravici_ Herink of the genus _Xerocomus_

1. Pileus tomentose, granulate, pores angular, 0.7~2 mm diam. Flesh turning blue to blackish when exposed
··· **XV. i. 3. _Xerocomus nigromaculatus_**

1. Pileus plane, finely tomentose, flesh not turning blackish when exposed ···························· 2.
  2. Associated with conifers ··· 3.
  2. Associated with broad leaves or mixed forest ··· 4.
3. Tubes near stipe as sinuate ··· 5.
3. Tubes near stipe as free or strongly notched at the stipe ······················· **XV. i. 2. _X. moravicus_**
  4. Pileus liver-brown colour, flesh whitish yellow, or pinkish-yellow ················· **XV. i. 1. _X. cheoi_**
  4. Pileus deep blackish-brown colour, flesh yellowish ····················· **XV. i. 4. _X. nigropunctatus_**
5. Pileus yellowish-brown, flesh pale yellow, basidiospores 7~10×4.5~5.5 μm··········· **XV. i. 5. _X. punctilifer_**
5. Pileus reddish-brown colour, silky, flesh whitish, basidiospores 8~13×3~5 μm ········· **XV. i. 6. _X. roxanae_**

XV. i. 1. 周氏绒盖牛肝菌（家炽绒盖牛肝菌） 图 27：1—3

Xerocomus cheoi(W. F. Chiu) F. L. Tai, Sylloge Fungorum Sinicorum p.813. 1979.

—— *Boletus cheoi* W. F. Chiu, Mycologia 40(2)：215. 1948. Chui W. F.: Atlas of the Yunnan Boletus, 76. 1957.

菌盖径 1.5~5 cm，半圆形，中部幼时微凸，后期平展；干燥，不黏，呈肝褐色、玉桂红色、咖啡褐色；具深褐黑色的粒状绒鳞片或粒状斑点，中央密集，盖缘渐趋稀疏。子实层橄榄黄、橘黄色，伤后明显变蓝。管孔径多角圆形，孔口径 1~2 mm，近柄处微下延，偶有管口长达 2.5 mm。管长 4~12 mm。菌管髓菌丝双叉分。菌肉生嚼微甜。菌柄棒状，近等粗，基部微膨大，略呈纺锤状；色泽较盖为淡，平滑或有纵长条纹。柄肉坚实，淡乳白色，伤后微青蓝，较菌管变色为缓慢。柄基菌丝乳白色、淡黄色，与所附土粒紧密交织。担子短棒形，20~30×8~15 μm。担孢子椭圆形、长椭圆形，8~12×4~5 μm。侧缘囊状体纺锤状，30~45×8~15 μm。

种名释义：Cheo，系纪念我国真菌和病毒学家周家炽研究员，抗战期间他在云南中北部进行过广泛的真菌调查和采集。

模式产地：云南，昆明，西山. VIII. 1938。

生境与已知树种组合：多见于油杉 *Keteleeria evelyniana* Mast.林下，也见于引种的轻木 *Ochroma pyramidale*(Cav. ex Lam.) Urb.林下。

国内研究标本：云南：宾川，鸡足山，11. IX. 1938 周家炽(无号)(HMAS)；昆明，西山，19. VII. 1838. 严楚江(据裴维蕃，云南牛肝菌图志. p. 76. 1957.)；西双版纳，勐仑，轻木(*Ochroma pyramidale*(Cav. ex Lam.) Urb.林下，7. IX. 1974.臧穆 1233 (HKAS)。

讨论：为我国西南特有种。现知主要见于滇中和滇西北，大理的点苍山，宾川的鸡足山和剑川的老君山的针叶林下。

XV. i. 2. 颗粒绒盖牛肝菌 图 33：7—10

Xerocomus moravicus(Vacek) Herink, Česká Mykol. 18: 193.1964.

菌盖平展，中部微高，盖表密被绒毛，鹿皮色、橘褐色、土黄色，盖中央色泽呈深赭褐色，表面平滑。盖缘微延伸。盖表层菌丝交织型。菌肉厚 1~2 cm，伤后变蓝。菌肉生尝微甜。子实层淡黄至土黄色，菌管 4~8 mm 长，管口圆形、多角形，10~12 枚/5 mm。菌柄 6~8×1.2~2 cm。 柄表淡黄色、麦秆黄色，有色泽较深的条状菱形网纹。柄基变细，基部菌丝淡黄色。担子棒状，30~43×7.5~10 μm。担孢子长纺锤形，8~12×3.9~4.8 μm。侧缘囊状体和管缘囊状体均为棒状纺锤形，30~45×7~10 μm。

种名释义：纪念欧洲真菌学家 Jaroslav Moravec.

模式产地：欧洲，挪威，模式标本存地不详。

生境与已知树种组合：多生于栎属 *Quercus*、赤杨属 *Alnus* 林下。

国内研究标本：湖北，神农架。20. VII.1997. 罗曼丽 71 (湖北科委)

分布：欧洲，华中的阔叶林下。

讨论：见于欧洲北部，我国仅见于湖北山区。

XV. i. 3. 黑斑绒盖牛肝菌　图 27：4—6

Xerocomus nigromaculatus Hongo, Journ. Jap. Bot. **41**: 170. 1966.

　　菌盖初呈扁平馒头形，有时中部微凸，后期近平展；表面干燥，具颗粒状集呈的锥状突起，黑色、褐黑色，在深褐色盖表上，褐底深点，尤在盖中央极为明显，后期多脱落，变光滑，存有下凹的斑痕或不规则裂痕，或呈细小的龟裂。盖径 1.7~8 cm；盖缘褐黄色，渐缘渐淡。菌肉淡黄色，伤后变蓝后变黑。子实层黄色、橘黄色。菌管口圆多角形，直径 5~12 mm。管长 0.8~1.2 cm；近柄处的菌管下延，管孔可长达 5~12 mm。管孔缘壁光滑，不具齿缘。伤后由蓝变黑。菌柄长棒状，近等粗，有时基部微膨大，内实，或基部有虫蚀状小空穴。柄表光滑，无网纹，微有不明显的纵长条，黄褐色，10~12.5×1.5~2.2 cm。担子短棒状、圆槌状，27~30×8~10 µm。担孢子长椭圆形、阔纺锤形，10.5~11×3.5~4.5 µm。侧缘囊状体棒状或粗纺锤状，37~75×9~15 µm。管缘囊状体近纺锤状，30~65×10~17 µm。菌肉生尝微酸，嚼后微苦。

　　种名释义：nigro 拉丁文：黑色的，maculatus 有斑点的，言盖表有深色的斑点。

　　模式产地：日本，Hongo 2272（TNS-F）。

　　生境与已知树种：生于松栎林下，与 *Quercus serrata* Thunb.、*Q. variabilis* Bl.、*Pinus densata* Mast.、*Pinus yunnanensis* Fr.、*Pinus densiflora* Sieb.et Zucc. 等有菌根组合。

　　国内研究标本：台湾：南投县，杉林溪，1600 m, 3. VII. 1993.陈建名 1（TES）；南投县，杉林溪，1400 m, *Pinus + Quercus* 林下，14. VII. 1993.臧穆 12155（HKAS 27958）。贵州：梵净山，2. IX. 1993.吴兴亮 3581（HKAS 29235）。云南：思茅，菜阳河，壳斗科树林下，22. VI. 2000.臧穆 13449（HKAS 36022）。

　　分布：原记录于日本松栎混交林下，后在我国的台湾，滇贵相继发现。故为中日的间断分布种。

XV. i. 4. 芝麻点绒盖牛肝菌　图 27：7—9

Xerocomus nigropunctatus（W. F. Chiu）F. L. Tai, Sylloge Fungorum Sinicorum, p. 813. 1979.

—— *Boletus nigropunctatus* W. F. Chiu, Mycologia **40**: 214. 1948.

　　菌盖半球形，盖径 6~8 cm，盖表茶褐色、咖啡褐色，表面具间隔均匀的凸出小粒点；点径 0.2~0.8 mm，深黑褐色，在盖表状如散生的芝麻，但平伏，不甚凸起；干燥，不黏。菌肉淡黄色，伤后，初变蓝，后转棕褐色至黑色。生尝微酸，后转苦。子实层深黄色，伤后转褐色，呈深茶色。管口较大，管口径 1.5~2.5 mm，圆多角形，管口成熟后变褐黑色，近柄处管孔微延长，贴生近下延。菌管髓菌丝双叉分。菌柄棒形，等粗，基部不膨大；内实，肉淡黄色；基部与土壤块团紧密结合。担子短棒形，25~35×10~15 µm。担孢子长椭圆形，不规则弯曲，孢端脐处明显。侧缘囊状体棒状，35~45×20~30 µm。管缘囊状体与之近同形。

　　种名释义：nigro 拉丁文：黑的，暗的，punctatus，具斑点的，言盖表具芝麻状斑点。

　　模式产地：我国四川峨眉山，4. VIII. 1938.针叶林下，裴维蕃 262（HMAS）。

　　生境与已知树种：生于针叶树林。多为松属树种。

　　国内研究标本：四川：峨眉山，4. VIII. 1938.针叶林下，裴维蕃 262（HMAS）。

分布：原记录于四川峨眉山，据袁明生口述，在川西针叶林带也有分布，待查标本。

讨论：这是一个我国西南高山的特有种，已见于川西。可能是中国–日本菌物成分，与黑斑绒盖牛肝菌 *Xerocomus nigromaculatus* Hongo 可能是姊妹种。但本种似未见于阔叶林下。

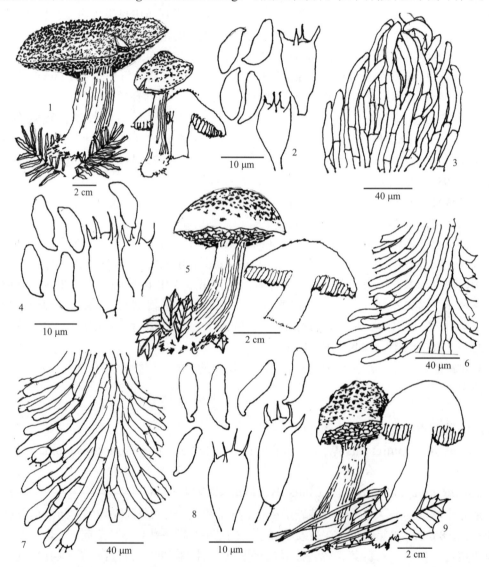

图 (Fig.) 27：1—3. 周氏绒盖牛肝菌 *Xerocomus cheoi* (W. F. Chiu) F. L. Tai, 1. 担子果 Basidiocarps, 2. 担子和担孢子 Basidia and basidiospores, 3. 盖表层菌丝 Pileipellis；4—6. 黑斑绒盖牛肝菌 *Xerocomus nigromaculatus* Hongo, 4. 担子和担孢子 Basidia and basidiospores, 5. 担子果 Basidiocarps, 6. 菌管髓 Tubetrama；7—9. 芝麻点绒盖牛肝菌 *Xerocomus nigropunctatus* (W. F. Chiu) F. L. Tai, 7. 菌管髓 Tubetrama, 8. 担子和担孢子 Basidia and basidiospores, 9. 担子果 Basidiocarps。（臧穆 M. Zang 绘）

XV. i. 5. 带点绒盖牛肝菌（带点牛肝菌） 图 28：1—3

Xerocomus punctilifer (W. F. Chiu) F. L. Tai, Sylloge Fungorum Sinicorum, p. 814. 1979.

—— *Boletus punctilifer* W. F. Chiu, Mycologia **40**: 216. 1948.

菌盖半圆形或馒头形；盖径 3~8 cm，盖表具小束绒毛组成的颗粒状突起，深褐色、黑褐色，散生排列于淡土褐色的盖表；盖中央色泽较浓，盖缘色泽渐淡；盖表粗糙，不黏滑。菌肉淡黄色、乳黄色，伤后变淡蓝色；菌肉生尝微酸。子实层黄色、橘黄色，伤后变蓝转褐。菌管口圆多角形，管口径 1~1.2 mm；管长 2~6 mm。菌管髓菌丝双叉分排列；近柄处弯生而下延，成熟后有纵长条纹延于柄之顶端，长 0.8~1 cm。菌柄棒形，有时呈纺锤形，淡黄色、肉桂黄色，表具不明显的纵条纹；柄基菌丝淡乳黄色。担子近圆形，20~30×15~20 μm。担孢子短卵圆形，脐内凹明显，7~10×4.5~5.5 μm。侧缘囊状体较短，棒状，30~45×15~20 μm。其与管缘囊状体几同样大小。

种名释义：punctilifer 拉丁文：具有斑点的，言盖表具斑点的。

模式产地：我国云南，昆明，妙高寺，21. VI. 1941.周家炽（无号）（HMAS）。

生境与已知树种组合：主要生于松林，如云南松 *Pinus yunnanensis* Fr.、栎林 *Quercus* 和石栎林 *Lithocarpus* 下。

国内研究标本：贵州：江口县，梵净山，林下，7. IX. 1993.吴兴亮 3429（HKAS 29333）。四川：乡城，马鞍山，4100 m，20. VII. 1998.杨祝良 2404（HKAS 32432）；南坪，太平乡，2000 m，云杉 *Picea*+栎树 *Quercus* 林下，13. IX. 1998.孙佩琼 3785（HKAS 33241）；米易，麻陇，2450 m，陈可可 207（HKAS 13838）；木里，鸭嘴林场，3600 m，21. VIII. 1983.陈可可 734（HKAS 13929）；稻城，巨龙，栎林下，3600 m，11. VIII. 1984.袁明生 571（HKAS 15719）；莆江，大关，松林下，650 m，26. VI. 1984.袁明生 1014（HKAS 15845）。云南：澜沧，葵能，1650 m，29. VII. 1980.郑文康 80025（HKAS 12023）；禄丰，一平浪，1850 m，松林下，26. VI. 1978.郑文康 786017（HKAS 4537）；西双版纳，勐仑，林下，11. IX. 1974.臧穆 1427（HKAS）；嵩明，阿子营，栎林下，3. VII. 1976.臧穆 2766（HKAS）；龙陵，新寨，1600 m，11. IX. 2002.杨祝良 3572（HKAS 41689）；龙陵，小黑山，2100 m，栎树 *Quercus* + 石栎 *Lithocarpus* 林下，27. VIII. 2002.杨祝良 3295（HKAS 41364）。

分布：为我国西南高原特有种。

讨论：这是横断山系的特有种，西藏的米林一带有记录，故从横断山系到东部喜马拉雅山系的松栎混交林下，在每年雨季较易发现。可食。

XV. i. 6. 粒表绒盖牛肝菌（鲁氏绒盖牛肝菌）　图 28：4—6；彩色图版 V: 10

Xerocomus roxanae(Frost) Snell, Mycologia **37**.383. 1945.

—— *Boletus roxanae* Frost, Bull. Buff. Soc. Nat. Sci.**2** : 104.1874.

—— *Ceriomyces roxanae*(Frost) Murrill, Mycologia **1**: 153. 1909.

菌盖半圆形，后近平展，黄褐色；被红褐色、砖红色、橙褐色的绒毛，组集成粒状突起，盖中央密集，盖缘较稀疏；盖径 5~8 cm，盖缘微具流苏状缘膜。菌肉淡黄色、乳黄色，伤后变色不明显；生嚼微有酸味。子实层黄色、土黄色。菌管口圆多角形，口径 0.5~1.2 mm。近柄处的管口长达 1~1.5 mm。并顺柄下延。菌管伤后变色不明显，微呈暗褐色。菌管髓菌丝双叉分排列。担子椭圆形，顶端圆形或微缩。担孢子椭圆形，脐下压明显。侧缘囊状体长纺锤形，40~55×8~12 μm。管缘囊状体棒状，45~60×10~15 μm。菌柄粗棒状，近等粗，基部微膨大；柄表玉米黄色，有纵条纹，无网纹。菌肉与盖肉同色，偶有虫蚀洞穴。柄基菌丝淡黄色。未见锁状联合。

图(Fig.)28：1—3. 带点绒盖牛肝菌 *Xerocomus punctilifer*(W. F. Chiu) F. L. Tai, 1. 担子果 Basidiocarps, 2. 担子和担孢子 Basidia and basidiospores, 3. 菌管髓 Tubetrama；4—6. 粒表绒盖牛肝菌 *Xerocomus roxanae*(Frost) Snell, 4. 担子和担孢子 Basidia and basidiospores, 5.担子果 Basidiocarps, 6. 盖表层菌丝 Pileipellis；7—9. 异囊体绒盖牛肝菌 *Xerocomus heterocystides* J.Z. Ying, 7. 部分子实层 A part of hymenium, 8. 担子和担孢子 Basidia and basidiospores, 9. 担子果 Basidiocarps。(臧穆 M. Zang 绘)

种名释义：roxanae，纪念北美菌类爱好者 J. E. Roxon.(或为 Roxan)。

模式产地：Vermont, Brattleboro, VT No. 3204 [Lectotype, Halling(1983)]。

生境与已知树种组合：多生于混交阔叶林地。主要是壳斗科、豆科等阔叶树种。

国内研究标本：湖北,湘坪,大神农架,栎林下,2800 m, 19. VII. 1979.芦曼丽 44(HKAS 19264)。四川：稻城，巨龙，松林下，3700 m, 11. VIII. 1984.袁明生 561(HKAS 15709)；乡城，马熊沟，3800 m，针阔叶混交林, 15. VIII. 1954.袁明生 619(HKAS 15761)；乡城，

小雪山，4000 m，针叶林，16. VIII. 1954.袁明生 674（HKAS 15786）。贵州：佛顶山，林下，VII. 1983 吴兴亮 775（HKAS 14513）；梵净山，29. VIII. 1983.吴兴亮 992（HKAS 14520）。云南：丽江，象山，2100 m，栎树 *Quercus* 林下，1. VIII. 1985.臧穆 10191（HKAS 15090）；玉龙山，干海子，松 *Pinus* 林下，3. IX. 1986. R. H. Petersen 56316（HKAS 20033）；香格里拉，3300 m，高山栎 *Quercus rehderiana* Handel-Mazzett 林下，30. VII. 1986.臧穆 10596（HKAS 17615）；思茅，红旗水库，思茅松 *Pinus kesiya* var. *langbianensis*（A. Chev.）Gaussen 林下，11. IX. 1986.陈可可 116（HKAS 17678）；景东，哀牢山，大火塘，2500 m，25. VIII. 1990.臧穆 12406（HKAS 28183）；昆明，黑龙潭，后山，云南油杉 *Keteleeria evelyniana* Mast. 林下，肖国平 （HKAS 14634）。

分布：见于北美的东部、北部和东南部，我国则见于中南、西南。此似为东亚和北美的间断分布种。

讨论：这是一个体形较大的种，菌盖的粒状突起较为明显，南北的分布界限较广，菌根树种的类群也较丰富。其间的变种也较复杂，如 var. *auricolor* Peck，其菌盖呈明亮的金黄色，是一个在林下颇为夺目的物种。其丰富众多种的分化无异成为我国西南地区的该种群的奇葩。

XV. ii. 异囊体组新组合
sect. *Miricystidi* M. Zang et X.J. Li, sect. nov.

侧缘囊状体纺锤形，弯曲，不规则形。

Pleurocystidia fusiformia, tortuosa, abnormia.

组模式：（section typus）:异囊体绒盖牛肝菌 *Xerocomus miricystidius* M. Zang。

绒盖牛肝菌属异囊体组分种检索表

1. 菌盖表赭茶色，子实层黄色；侧缘囊状体纺锤形，顶端多具球形体 ·················
························· **XV. ii. 1. 异囊体绒盖牛肝菌 *Xerocomus heterocystides***
1. 菌盖表黄褐色，子实层金黄色；侧缘囊状体不规则纺锤形，扭曲，畸形，或蠕虫形·············
························· **XV. ii. 2. 奇囊体绒盖牛肝菌 *Xerocomus miricystidius***

Key to species of sect. *Miricystidi* of the genus *Xerocomus*

1. Pileus ochraceous-tawny. Hymenophore yellowish. Pleurocystidia fusiform, usually incrusted at the apex
···················· **XV. ii. 1. *Xerocomus heterocystides***

1. Pileus yellowish-brown. Hymenophore golden-yellow. Pleurocystidia fusiform, abnormal twisted bend bent, wormiform ···················· **XV. ii. 2. *Xerocomus miricystidius***

XV. ii. 1. 异囊体绒盖牛肝菌　图 28：7—9
Xerocomus heterocystides J.Z. Ying, Acta Mycologica Sinica. Suppl. **I**: 309. 1986.

菌盖半圆形、馒头形，后期平展，中微凹；盖表具绒毛，赭茶色、茶黑色。菌肉淡黄色，伤后不变色。子实层黄色；菌孔不规则圆多角形，孔径 0.5~1 mm，近柄处下延呈褶片状。菌管髓菌丝双叉分排列。菌柄棒状，2~3×0.4~0.7 cm，表有绒毛，色淡于盖，褐黄色。担子棒状，20~43×4~5.4 μm，蜜黄色。担孢子长椭圆形，7.6~10.8×4~5.4 μm。侧缘囊状体和管缘囊状体均呈纺锤形或长棒形，50~65×15~18 μm，有时顶部有圆球形晶体。

种名释义：heterocystides 希腊文：异形囊状体。

模式产地：四川：贡嘎山。

生境与已知树种：多生于针叶林地。

国内研究标本：四川：贡嘎山，28. VII. 1984.文华安 748（HMAS 47703）。

分布：我国西南高山带。

讨论：仅见于四川雅砻江以东的贡嘎山和二郎山高山带，是一个近似中国–日本菌物相（Sino-Japan Mycoloigal Flora）成分的种，而不是中国-喜马拉雅成分（Sino-Himalayan Mycological Flora）的种。

XV. ii. 2. 奇囊体绒盖牛肝菌　图 29：1—4

Xerocomus miricystidius M. Zang, Fung. Sci. **11**（1, 2.）: 7.1996.

菌盖半圆形，后期扁平，中部微凸；盖缘微翘；盖径 1.8~2.5 cm；盖表干燥，密被绒毛，黄褐色、深鹿皮褐色、赭黄褐色。菌盖表菌丝阔 8~16 μm，互相交织，菌丝顶端钝圆。菌盖肉厚 2~4 cm，淡黄色、乳白色，伤后不变色。子实层黄色、金黄色。菌管贴生，近柄处下延。菌管长 1~2 mm；菌管口多角圆形，4.2~1.5 mm。菌管髓菌丝近平行列，埋于胶质层中。菌柄棒形，近等粗，3~6 mm。基部菌丝黄色。担子棒状，15~20×8~13 μm。担孢子狭椭圆形，9.1~10.4×5.5~6.5 μm。管缘囊状体较粗大，蠕虫状，不规则扭曲，52~80×6.5~16 μm。侧缘囊状体较细小，呈不规则棒状，扭曲，5.5~8.5×7~18 μm。未见锁状联合。

种名释义：miri 拉丁文：奇异的，cystidius 囊状体，言囊体形态奇异。

模式产地：我国云南，德钦，虫草丫口，4215 m，杜鹃，高山紫云英丛中，臧穆 12686（HKAS 29674）。

生境与已知植物组合：多生于头花杜鹃 *Rhododendron cephalanthum* Franch. 或高山紫云英 *Astragalus yunnanensis* Franch. 丛中。

国内研究标本：云南，德钦，虫草丫口，4215 m, 20. VI. 1995.臧穆 12686（HKAS 29674）。

分布：云南西北高山带。

讨论：仅见于云南西北高山，也分布于藏东南，其菌管髓有胶质是适于高山带的一种构造，这一特征也见于北方和南方高山带的乳牛肝菌属 *Suillus* 的某些种。

XV. iii. 寄生组 sect. *Parasitici* R. Singer,
Ann. Mycol. 40: 1~132. 1942.

The Agaricales in Modern Taxonomy. p. 763. 1986.

本组真菌均为寄生型，寄生在腹菌类 Gasteromycetes 菌体上。

组模式：*Xerocomus parasiticus* (Fr.) Quél.。

本组我国有 2 种。

绒盖牛肝菌属寄生组分种检索表

1. 生于地星属 *Astraeus* 担子果上 ··················· **XV. iii. 1.** 似栖星绒盖牛肝菌 *Xerocomus astraeicolopsis*
1. 生于厚皮马勃属 *Scleroderma* 担子果上 ··················· **XV. iii. 2.** 寄生绒盖牛肝菌 *X. parasiticus*

Key to species of sect. *Miricystidi* M. Zang et X. J. Li

1. Growing on the basidiocarp of the genus *Astraeus* ··················· **XV. iii. 1.** *Xerocomus astraeicolopsis*
1. Growing on the basidiocarp of the genus *Scleroderma* ··················· **XV. iii 2.** *X. parasiticus*

XV. iii. 1. 似栖星绒盖牛肝菌　图 29：5—8
Xerocomus astraeicolopsis J.Z. Ying et M.Q. Wang, Acta Botanica Yunnanica 3 (4): 439.
1981.

　　菌盖初期半圆形，后期近平展，下凹，盖径 2.5~4 cm；黄褐色，不黏，密被绒毛。菌盖表菌丝细长，有横隔，直立，顶端细胞细长。菌肉淡黄色，伤后不变色。子实层黄色。菌管口多角形，管口径 0.9~1.2 mm。近柄处菌管长达 1.2 mm，下延。菌管髓菌丝叉分平行列。菌柄棒状，近等粗，土黄色、褐黄色，表面具不明显的纵条纹；基部连接于地星的囊被及囊被表层以下的产孢组织上。菌丝呈黄褐色。担子棒状 20~36×4.5~5.5 μm。担孢子椭圆纺锤形，9~12×4~5.5 μm。非淀粉质，有明显的油滴。侧缘囊状体长纺锤形，34~54×5.5~12 μm。管缘囊状体与文同形而略短。

　　种名释义：astrae 拉丁文：地星属 *Astraeus*（即 *Geastrum*），cola，喜爱，言喜生于地星体上。

　　模式产地：我国安徽黄山，王鸣岐，应建浙 112. VII. 1956.（HMAS 40525）。

　　生境与已知树种组合：多与松栎混交林相组合。

　　国内研究标本：安徽，黄山，云谷寺，VII. 1956.王鸣岐，应建浙 112（HMAS 40525）。

　　分布：现知仅特产于黄山。

　　讨论：这一种其菌管髓的菌丝间有胶质，且生于地星（*Geastrum*）体。

XV. iii. 2. 寄生绒盖牛肝菌　图 29：9—12
Xerocomus parasiticus (Bull.) Quél., Fl. Myc. Fr. p. 418. 1899.
—— *Boletus parasiticus* Fr. Syst. Mycol. **1**: 389. 1821.

　　菌盖半圆形、馒头形，盖表早期具致密的细绒毛，后期部分脱落，较光滑，微有光泽；呈橄榄黄色、酱褐色；盖缘下卷，色泽稍淡。菌肉黄色，伤后略呈黄红色。子实层褐黄色、橄榄褐色、金黄色；肉味生尝微甜。管长 3~6 mm，圆多角形，不易与菌肉分离；近柄处下延。菌柄棒状，等粗，较盖色淡，基部黄白色；柄上部有绒毛。基部菌丝白色。担子长棒状，40~50 × 8~11 μm。担孢子长椭圆形，12.7~17.8 × 4.4~6 μm。侧缘囊状体不规则纺锤形，38~60 × 7~13 μm。管缘囊状体与之同形或略大，40~65 × 10~15 μm。

　　种名释义：parasiticus 希腊文：外生的，寄生的，言此菌属寄生型。

模式产地: 欧洲, 似为瑞典。

生境与已知物种组合: 寄生在橘色厚皮马勃 *Scleroderma citrinum* Pers. 和地星 *Geastrum hygrometricum* Pers. 体上。

国内研究标本: 吉林:通化,二龙山,1100 m,松林下,8. Ⅷ. 1976. 王伟明 1 (HKAS 19521)

分布: 现知仅采于东北。

讨论: 本种多见于温带,如北美、日本、欧洲。今后随对菌物调查的深入开展,可望在我国华北、西北等地区发现。

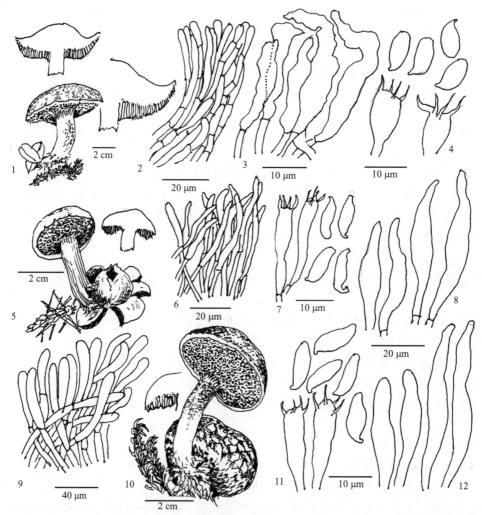

图(Fig.) 29: 1—4. 奇囊体绒盖牛肝菌 *Xerocomus miricystidius* M. Zang, 1. 担子果 Basidiocarps, 2. 盖表层菌丝 Pileipellis, 3. 管缘囊状体和侧缘囊状体 Cheilocystidia and pleurocystidia, 4. 担子和担孢子 Basidia and basidiospores; 5—8. 似栖星绒盖牛肝菌 *Xerocomus astraeicolopsis* J. Z. Ying et M. Q. Wang, 5. 担子果 Basidiocarps, 6. 盖表层菌丝 Pileipellis, 7. 担子和担孢子 Basidia and basidiospores, 8. 管缘囊状体和侧缘囊状体 Cheilocystidia and pleurocystidia; 9—12. 寄生绒盖牛肝菌 *Xerocomus parasiticus* (Bull.) Quél., 9. 盖表层菌丝 Pileipellis, 10. 担子果 Basidiocarps, 11. 担子和担孢子 Basidia and basidiospores, 12. 管缘囊状体和侧缘囊状体 Cheilocystidia and pleurocystidia。(臧穆 M. Zang 绘)

XV. iv.拟牛肝菌组
sect. *Pseudoboleti* R. Singer

绒盖牛肝菌属拟牛肝菌组分种检索表

Key to species of sect. *Pseudoboleti* R. Singer of the genus *Xerocomus*

1. Pileus surface velutinous, split in age into a net-like pattern or areolate, not smooth ················· ·· **XV. iv. 11. *X. mirabilis***

1. Pileus surface smooth, finely tomentose, suede-like ·· 2.

  2. Pileus diameter less than 6 cm ·· 4.

  2. Pileus diameter more than 6 cm ·· 3.

3. Pileus surface blackish, deep brown ·· 5.

3. Pileus surface yellowish, purplish brown ·· 6.

  4. Pileus 6.5~8 cm. in diam. Hymenium golden-yellow, flesh changing brown when cut ········· ·· **XV. iv. 3. *X. bambusicola***

  4. Pileus shorter than 6 cm. in diam. Hymenium pale yellowish, flesh yellowish, no changing when cut ····· ·· **XV. iv. 12. *X. tengii***

5. Pileus deep blackish, later plane and pulvinate, wrinkled, tuberculate. Basidiospores narrowed elliptic ······· ·· **XV. v. 2. *X. anthracinus***

5. Pileus darkish brown and golden-brown ·· 7.

  6. Pileus pinkish-brown, cinnamon, context whitish, but pinkish when cut ·········· **XV. iv. 1. *X. alutaceus***

  6. Pileus reddish-brown to burgundy-brown, context pale whitish. Unchanging when cut ····················· ·· **XV. iv. 4. *X. castanellus***

7. Pileus blackish-brown, tea-brown, reddish-brown, hymenium whitish, Context white, then reddish brown when cut, basidiospores brown colour ································ **XV. iv. 6. *X. ferrugineus***

7. Pileus neither blackish, nor tea-brown, but grayish-brown, basdiospore hyaline ················· 8.

  8. Pileus fuscous-umber, cracked, hymenium whitish-yellow, context whitish-yellow, unchanging when cut, basidiospores brownish ····································· **XV. iv. 7. *X. ferruginosporus***

  8. Pileus pale yellow, basidiospores hyaline, not brown ····························· 9.

9. Pileus ochre-yellow or olive-gray. Tube-pores 9~10/cm. basidiospores 12~19×6~6.5 μm. On trunk of the genus *Picea* ··· **XV. iv. 10. *X. piceicola***

9. Pileus pale yellow or olive-brown, context no changing when cut ······················· 10.

  10. Basidiospores bigger 18~22×5~7 μm in *Cyclobalanopsis* forest ··············· **XV. iv. 11. *X. sinensis***

  10. Basidiospores smaller, 7~10×3~6 μm in other forest ······························ 11

11. Pileus finely tomentose, yellowish-brown, later yellowish, gray-brown when dry ··········· 12

11. Pileus near lubricous, glabrous, pale yellowish ··························· **XV. iv. 8. *X. magniporus***

  12. Pileus deep brown, compressed fibrillose, tomentose or scaly, and somewhat glabrous when old ·········· ·· **XV. iv. 14. *X. yunnanensis***

  12. Pileus gray-brown, somewhat scurfy, leather-like or a little areolate ····························· 13

13. Pileus flesh pale yellow, soft, no changing when cut ····························· **XV. iv. 5. *X. davidicola***

13. Pileus flesh whitish, spongy, reddish to copper-red, changing blue when cut ····· **XV. iv. 13. *X. tomentipes***

XV. iv. 1. 粉棕绒盖牛肝菌 图 30：1—3

Xerocomus alutaceus(Morgan)Dick et Snell, in Snell & Dick, Mycologia **53**: 228. 1961.

—— *Boletus alutaceus* Morgan in Peck, Bull. N. Y. State Mus. **2**(**8**): 109. 1889.

—— Non *Boletus ferrugineus* Bres., Iconogr. **19**. Pl. 915. 1931.

菌盖半圆形，后期近平展，中部微凸出；脱水后，表面皱缩；盖径 4~7 cm，表面有绒毛；粉红肉桂、淡粉褐色、粉棕色；盖缘微延长。菌肉白色，伤后淡粉红色、葡萄红色、微紫红色；生尝具淀粉味；闻之微有菌香。子实层淡黄色，伤后几不变色。菌管口多角形，管长 5~12 mm，2~3 枚/mm。担子长椭圆形、长棒形，18~25×8~10 μm。担孢子椭圆纺锤形，两端较钝，橄榄褐色。侧缘囊状体长纺锤形，微弯曲，顶端较钝，35~45×15~18 μm。管缘囊状体同型，较长 35~50×15~20 μm。菌管髓菌丝平行列。菌柄棒状，近菌管处有时具网纹，基部微粗；柄表色泽较盖为深，表有稀疏的绒毛；近菌管处多有短而下延的纵条纹。柄基菌丝乳白色。

种名释义：ferrugineus 拉丁文：铁锈色、黄锈色，言菌盖的色泽。

模式产地：美国的 Kentucky(NY)。

生境与已知树种组合：本种与栎属 *Quercus*、松属 *Pinus*、冷杉属 *Abies* 树种有组合关系。

国内研究标本：甘肃：迭部，白云林场，2300 m，松林，3 IX. 1998.袁明生 3660(HKAS 33374)。台湾：南投，梅峰水源地，2100 m，22. VI. 1994.周文能 604(TNM 2348[F])。海南：乐东县，尖峰岭，林地，18. VI. 1982.弓明钦 825108(HKAS 22444)；尖峰岭，五区林地，700 m，6. VIII. 1983.弓明钦 8350144(HKAS 22415)。四川：盐源，2600 m，19. VII. 1983.陈可可 247(HKAS 13177)；康定，六巴，3100 m，针叶林下，27. VIII. 1984 袁明生 832(HKAS 15560)；威远，新场，700 m，松林，13. VII. 1985.袁明生 1059(HKAS 15883)；峨眉山，龙洞，竹林下，1300 m，1. X. 1999.臧穆 13228(HKAS 34377)；重庆，黄桷垭，松林下，23. VI. 1985.李文虎 74(HKAS 17010)。云南：德钦，白马雪山，东坡，3750 m，冷杉林下，12. VII. 1891.黎兴江 844(HKAS 7773)；丽江，玉龙山，玉湖，2600 m，高山松林 *Pinus densata* Mast.林下，1. VIII. 1985.臧穆 10210(HKAS 14981)；思茅，松林下，1400 m，11. IX. 1986.陈可可，112(HKAS 17677)；景东，哀牢山，2300 m，27. VIII. 1991.刘培贵 1046(HKAS 23722)；南涧，无量山，蛇腰箐，2200 m，桃叶珊瑚 *Aucuba chinensis* Benth.林下，10. VIII. 2001.臧穆 13850(HKAS 38579)。

分布：除东亚外，也见于欧洲和北美。

讨论：本种其命名曾有争论，Murrill(1909 b，1910)认为可能是 *Ceriomyces subtomentosus*(L.)Murrill 的异名，或是 *Boletus rubescentipes* Kauffman 的近似种。但后者菌柄明显红色，前者菌盖绒毛较厚，故独立为一种，似更合理。

XV. iv. 2. 黑色绒盖牛肝菌 图 30：4—7

Xerocomus anthracinus M. Zang, M.R. Hu et W.P. Liu, Acta Botanica Yunnanica **13**(**2**): 150. 1991.

菌盖半圆形，后期近平展，表被绒毛，成熟后多皱裂不平；煤黑色、暗褐色或变成黑色。盖部菌肉厚 2~4 cm，褐色或黄褐色，伤后不变色，渐转黑色；生尝有令人不适的恶味，有毒。子实层黑褐色。菌管长 3~4 mm，黄色、褐色，凹生至弯曲凹生；管口具棱角或不甚规则，1~2 孔/mm。菌柄长 4~5.5×0.5~1.5 cm。棒状，近等粗，上部具纵长条纹，但无网络，柄基膨大呈臼状，具煤褐色绒毛。柄基部菌丝金黄色或黄色。盖表菌丝交织型，菌丝粗 6~12 μm。担子近圆形、椭圆形，15~19×10~14 μm。担孢子椭圆形、阔纺锤形，10.5~15.6×4~6.5 μm，淡黄色至橄榄褐色，内含 1~2 枚油滴。侧缘囊状体圆柱状，30~45×13~16 μm。管缘囊状体与之同形，45~55×13~16 μm。

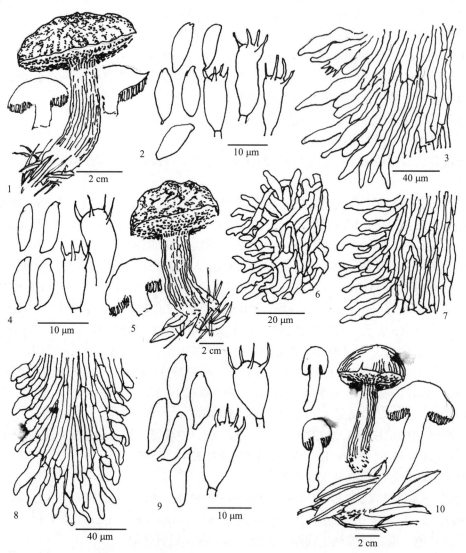

图 (Fig.) 30：1—3. 粉棕绒盖牛肝菌 *Xerocomus alutaceus* (Morgan) Dick et Snell, 1. 担子果 Basidiocarps, 2. 担子和担孢子 Basidia and basidiospores, 3. 菌管髓 Tubetrama；4—7. 黑色绒盖牛肝菌 *Xerocomus anthracinus* M. Zang, M.R. Hu et W. P. Liu, 4. 担子和担孢子 Basidia and basidiospores, 5. 担子果 Basidiocarps, 6. 盖表层菌丝 Pileipellis, 7. 菌管髓 Tubetrama；8—10. 竹生绒盖牛肝菌 *Xerocomus bambusicola* M. Zang, 8. 菌管髓 Tubetrama, 9. 担子和担孢子 Basidia and basidiospores, 10. 担子果 Basidiocarps。（臧穆 M. Zang 绘）

种名释义：anthracinus 希腊文：煤黑色，言菌盖色泽。

模式产地：我国福建省，宁化县，1. IX. 1983.胡美蓉 162（HKAS 18752）。

生境与已知树种组合：多与马尾松 *Pinus massoniana* Lamb.和红栲 *Castanopsis hystrix* A. DC. 相组合。

国内研究标本：福建省：宁化，1. IX. 1983.胡美蓉 162（HKAS 18752）。

分布：现知为福建特有种。

讨论：本种具黑褐色子实体；盖表菌丝层呈珊状毛皮状交织，菌丝末端钝，径粗 6~12 μm，金褐色。生于马尾松和红栲林下。本菌有毒，食后令人呕吐不禁。

XV. iv. 3. 竹生绒盖牛肝菌　图 30：8—10

Xerocomus bambusicola M. Zang, Fung. Sci. **14**(1, 2)：20. 1999.

菌盖半圆形，后期近平展，中部渐隆起；盖表平而不皱，初绒毛密集，后较稀疏，呈褐色、橄榄绿色、橄榄灰色或暗紫色。盖肉厚 1~2.5 cm，黄色、淡黄色，伤后不变色。子实层黄色。菌管口近圆多角形，2~4 枚/mm；管长 0.2~1.4 mm。菌管髓菌丝平行列。菌柄长柱状，近等粗，基部微膨大，6~8×0.4~0.6 cm，黄褐色、土黄色；柄表干燥，被绒质斑点。柄基菌丝黄色。担子棒状，35~45×8~14 μm。担孢子卵圆形、短椭圆形，10.4~11.7×7.8~9.1 μm。侧缘囊状体纺锤状，60~75×8~12 μm。管缘囊状体短纺锤状 45~65×10~15 μm。

种名释义：bambusicola 希腊文：喜生于竹类植物旁。

模式产地：云南省：永胜县，洗沙村河坝场，1800~2000 m，21. IX. 1998.臧穆 12429（HKAS 32747）。

国内研究标本：仅见于云南。标本同上。

生境与已知树种组合：与下列植物组合：多生于筇竹 *Qiongzhuea tumidinoda* Hsieh et Yi、珙桐 *Davidia involucrata* Baill. 林下。

分布：现知为我国西南特有种。

讨论：其生于竹林下，多与落地的竹叶相交织，未发现菌根交接的现象。

XV. iv. 4. 栗色绒盖牛肝菌　图 31：1—4

Xerocomus castanellus(Peck) Snell et Dick, Mycologia 50: 58. 1958.

—— *Suillus castanellus*(Peck) Smith et Thiers, Contr. Monogr. N. Amer. *Suillus*, p. 26. 1964.

—— *Boletinus castanellus* Peck, Bull.Torrey Bot. Cl. **27**: 613. 1900.

—— *Boletinellus castanellus*(Peck) Murrill, Mycologia **1**: 8. 1909.

—— *Gyrodon castanellus*(Peck) R. Singer, Rev. Mycol. **3**: 172. 1938.

菌盖初期半圆形，后期馒头形近平展；盖表密被绒毛，无黏液，深栗褐色；盖肉较柔软，近海绵质，淡黄色，伤后不变蓝而呈褐色、赭褐色。子实层褐黄色，不明艳。菌管孔圆多角形，孔口 1.5~2 mm，略呈放射形排列；管长 6 mm，近柄处的菌管长 3 mm，且顺柄下延。柄长短不一，2~8×0.6~0.9 cm，近等粗，内部中央有时具长条状空穴，柄表近光滑，不具线点，顶部具不甚清晰的网纹。菌肉淡黄色。担子长棒状，上部较粗，下部渐细，15~20×8~10 μm。担孢子狭卵形、椭圆形，8~11×4.5~5.5 μm，壁光滑，微黄色。侧缘囊状体近棒状,微弯曲,40~60×10~18 μm。管缘囊状体近纺锤状,30~50×8~15 μm。

种名释义:castania 希腊文:栗子树,ellus 近似,言菌体色泽为栗褐色。

模式产地:美国, New Jersey, IX. 1889. E. B. Sterling(NYS)。此标本已遗失。

国内研究标本:福建:三明, IX. 1984. 胡美蓉 363(HKAS 18723)。台湾:台中, 鞍马山庄, 2270 m, 林下, 27. VII. 1994. 周文能 642(TNM 2619);南投,梅岭水源地, 2100m, 14. VI. 1995.周文能 940(TNM 3383)。海南:尖峰岭, 天池, 15. V. 1991. 弓名钦 9115(HKAS 23435)。贵州:梵净山,VII. 1983.吴兴亮 769(HKAS 14504);龙里, VII. 1983. 吴兴亮 781(HKAS 14526)。四川:青川, 新光, 针阔混交林下, 700 m, 5. IX. 1985.袁明生 1109(HKAS 15925);米易, 普威, 2000 m, 27. VII. 1986.袁明生 1191(HKAS 18539)。云南:楚雄, 紫溪山, 松林下, 2500 m, 28. VII. 1994.臧穆 12428(HKAS 28217);思茅, 梅子湖, 思茅松林下, 6. VIII. 1994.臧穆 12284(HKAS 28097)。西藏:墨脱, 1982.苏永革 5153(HKAS 16165)。

生境与已知树种:常与栎 Quercus、云杉属 Picea 等多种树种相组合。

分布:见于北美、东亚和欧洲。

讨论:Karsten 早期将其归入 Rostkovites Karst. 后多人又将其归入 Suillus,但作者以此种菌盖无黏液层,且菌盖有绒毛,菌柄上部有网纹,应置于绒盖牛肝菌属 Xerocomus 较合理。

XV. iv. 5. 珙桐绒盖牛肝菌   图 31:5—7

Xerocomus davidicola M. Zang, Fung. Sci. **14**(1, 2):22. 1999.

菌盖半圆形、馒头形,盖径 5~7 cm,密被绒毛,呈褐灰色、赭褐色;盖缘色变淡,呈酒紫色;盖表后期微具裂纹。菌肉淡黄色, 软, 伤后不变色。子实层黄色, 菌管孔圆多角形;管长 5~8 mm,7~8 枚/cm。菌管髓菌丝近平行列。菌柄棒状,近等粗,7~9×1~1.5 cm,中段具网纹,顶端近菌管处有纵长条纹。网络脊近白色, 柄表黄色。柄基菌丝乳白色。担子近椭圆形、纺锤形, 15~25×10~12 μm。担孢子椭圆形, 不甚对称, 脐下压明显。侧缘囊状体和管缘囊状体均纺锤形, 有长颈, 80~105×10~15 μm。

种名释义:生于珙桐 Davidia involucrata Baill. 林下, cola 拉丁文:居住,言见于珙桐林下。

模式产地:云南, 永胜县, 洗沙县, 河坝场, 1800 m, 21. IX. 1998. 臧穆 12928(HKAS 32749)。

生境与已知树种组合:生于珙桐 Davidia involucrata Baill.林下。

国内研究标本:云南, 永胜县, 洗沙县, 河坝场, 1800 m, 21. IX. 1998. 臧穆 12928(HKAS 32749)。

分布:中国西南。

讨论:现知为亚热带的菌类。

XV. iv. 6. 锈色绒盖牛肝菌   图 31:8—10

Xerocomus ferrugineus(Schaeff.) Alessio, Fungi Europaei p. 282. 1985.

—— *Boletus ferrugineus* Schaeff. Fungorum Bavaria et Palatinatu. p. 85. 1774.

—— Non *Boletus ferrugineus* Bres., Iconogr. Pl. 915. 1931.

—— *Tylopilus ferrugineus* (Frost) R. Singer, Amer. Midl. Nat. **37**: 106. 1947.

—— *Boletus ferrugineus* Frost, Bull. Buff. Soc. Nat. Sc. **2**: 104. 1874.

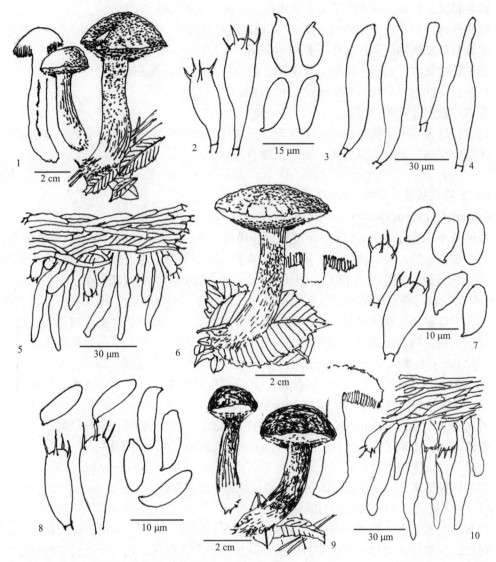

图 (Fig.) 31：1—4. 栗色绒盖牛肝菌 *Xerocomus castanellus* (Peck) Snell et Dick, 1. 担子果 Basidiocarps, 2. 担子和担孢子 Basidia and basidiospores, 3. 侧缘囊状体 Pleurocystidia, 4. 管缘囊状体 Cheilocystidia；5—7. 珙桐绒盖牛肝菌 *Xerocomus davidicola* M. Zang, 5. 菌管髓 Tubetrama, 6. 担子果 Basidiocarps, 7. 担子和担孢子 Basidia and basidiospores；8—10. 锈色绒盖牛肝菌 *Xerocomus ferrugineus* (Schaeff.) Alessio, 8. 担子和担孢子 Basidia and basidiospores, 9. 担子果 Basidiocarps, 10. 侧缘囊状体 Pleurocystidia。(臧穆 M. Zang 绘)

　　菌盖半圆形，后期近平弧形，表面密被绒毛，平或微具皱缩褶纹；盖缘微下卷。深咖啡色、红褐色。菌肉白色，伤后不变色或渐转淡褐色，生尝微酸。子实层白色和淡褐色。菌管孔小，15~20/cm，近圆多角形；孔口白色，老后变淡褐色；管长 6~12 mm。菌柄棒状，8~10×1.5~2.5 cm；柄表光滑，与盖同色，惟柄顶部近菌管处为白色。柄基菌丝白色。担子梨状，顶端近圆形，基部变狭长，10~20×5~8(10) μm。担孢子狭长形，15~20×4~8 μm。侧缘囊状体长纺锤形，30~50×15~18 μm。管缘囊状体与之相似。

种名释义：ferrugineus 拉丁文：铁锈色，言菌色呈锈褐色。

模式产地：初采于德国的 Barvaria，其模式藏地待考。

生境与已知树种组合：多生于栎树 *Quercus* 及云杉 *Picea* 等树下。

国内研究标本：云南：昆明，黑龙潭，云南松 *Pinus yunnnansis* Fr.。
林下，1800 m, 14. VI. 1999.臧穆 12973（HKAS 33120）。

分布：欧洲、北美、东亚。

讨论：这是一个菌体色泽呈深茶色至深板栗色的肉质菌类，其子实层乳白色至淡褐色，而菌肉呈纯白色，里表分明。菌肉微酸而苦。

XV. iv. 7. 褐孢绒盖牛肝菌　图 32：1—3

Xerocomus ferruginosporus Corner, *Boletus* in Malaysia. p. 221. 1972.

菌体较小。菌盖径 2~3.5 cm，呈半圆形，褐琥珀色、淡咖啡色或黑茶色；密被绒毛，后期有不规则龟裂，裂口淡褐色、褐黄色；盖表后期不平滑，皱而粗糙；盖缘不平而具波皱或荷叶边状。菌肉乳白色，伤后变褐；生嚼微涩。菌柄细棒状，近等粗，5~6×0.3~0.4 cm；表面较粗糙，具散生不规则的粉白斑点，灰褐色，深浅不一；顶端微具网纹，中部微呈鞘鳞状突起。基部菌丝白色、淡褐色。子实层初期呈乳白色，后近不同程度的褐色，后期近茶色。菌管长 6~8 mm，近柄处贴生，下延；菌管孔多角形，不规则，径 0.3~0.5 mm，淡褐色、深褐色。担子近圆棒状，下部渐细，23~30×11~13 μm，淡褐色。担孢子狭长形，15~23×4.5~6 μm，其长度变异甚大，有达 32 μm 者。呈褐色、淡茶色。侧缘囊状体和管缘囊状体均为纺锤形，45~80×12~20 μm，壁较厚，有时有壁孔。

种名释义：ferruginosporus 拉丁文：铁锈色的孢子，言担孢子后期呈铁锈色。

模式产地：原采于 Singapore, Bukit Timah. 3. V. 1930. Corner（CGE）。

生境与已知树种组合：我国记录是生于云南苏铁 *Cycas siamensis* Miq. 林下。

国内研究标本：云南：西双版纳，勐腊，尚勇，云南苏铁 *Cycas siamensis* Miq.林下，15. VII. 1974.臧敏烈 43（HKAS 41194）。

分布：我国云南，为亚洲分布的北界。多见于新加坡、泰国、缅甸等亚洲热带。

讨论：为亚洲季雨林林下的牛肝菌类，其担孢子为淡褐色，是一个较特殊的特征。个体较小，色泽较深，多单生。较少见。

XV. iv. 8. 巨孔绒盖牛肝菌　图 33：1—3

Xerocomus magniporus M. Zang et R.H. Petersen, Acta Botanica Yunnanica **26**(6): 625. 2004.

菌盖半圆形，盖表干燥，初有绒毛，后期脱落，近光滑；淡黄色或麦秆色；菌盖肉厚 4~10 mm，淡黄色，伤后不变色；盖缘较薄。子实层黄色。菌管 6~8 mm；管口多角形，口径 1~2 mm。菌管髓菌丝平行列。菌柄棒状，等粗，土黄色，有纵长条纹，3~4×0.5~0.8 cm,近子实层处,有延长的菌管下延。担子长椭圆形、棒状,25~40×16~18 μm。

担孢子长卵形、椭圆形，18~22×5.5~7 μm。侧缘囊状体纺锤形，55~65×26~30 μm。管缘囊状体较大，60~80×25~35 μm。

种名释义： magniporus 拉丁文：大形的子实孔。

模式产地： 云南，龙陵，天宁庙，28. VIII. 2002.杨祝良 3335（HKAS 41404）。

生境与已知树种： 多生于壳斗科林下，如石栎 *Lithocarpus fordianus*（Hemsl.）Chun. 及锥栎属 *Castanopsis* 等林下。

国内研究标本： 云南，龙陵，天宁庙，28. VIII. 2002.杨祝良 3335（HKAS 41404）。

讨论： 这是一个壳斗科植物林下的绒盖牛肝菌，个体中小型，菌孔较大。是否可食不详。

XV. iv. 9. 棘皮绒盖牛肝菌　图 35：1—4

Xerocomus mirabilis（Murrill）R. Singer, The Boletineae of Florida. I: 129. 1977.

—— *Boletus mirabilis*（Murrill）Murrill, Mycologia **4**: 217. 1912.

—— *Ceriomyces mirabilis* Murrill, Mycologia **4**: 98. 1912.

—— *Xerocomus mirabilis* R. Singer, Rev. Mycol. **5**: 6. 1940.

—— *Boletellus mirabilis*（Murrill）R. Singer, Farlowia **2**: 129. 1905.

菌盖半圆形、馒头状，后期近平展，或凹凸不平；盖表紫褐色、红紫色、棕褐色、茶褐紫色、红褐色，密被绒毛，绒毛多呈团块，近锥状或组成棘刺状，耸立成杨梅果皮状。菌肉淡黄色，伤后变色不明显，口生尝微甜。子实层黄色。菌管口圆多角形，1~2枚/ mm，长 1~1.5 cm。菌管髓菌丝双叉分。菌柄粗棒状，8~15×1.6~5 cm，基部膨大呈臼状，中上部淡黄色、黄褐色，具不明显的网络；基部白色。菌丝乳黄色。担孢子棒状，33~35×10~14 μm。担孢子椭圆形，长椭圆形，16~24×7~10 μm，淡黄色，壁多光滑，在显微镜的暗焦距下，有时孢壁表面具纵长条纹，同一个标本，其孢子往往兼有具条纹或壁光滑者。侧缘囊状体和管缘囊状体均为纺锤形，40~60×11~16 μm。

种名释义： miribilis 拉丁文：奇异的，或言本菌菌体易被牛肝毡座菌 *Hypomyces chrysospermus* Tul.寄生，而色泽艳丽，色彩奇异，或言其担孢子兼有壁光滑或具纵条纹者。

模式产地： 美国：Washington, Seattle 20. VI. 1911. Murrill 106（NY）。

生境与已知树种组合： 我国多见于崖豆藤 *Millettia championii* Benth.根际，或生于冷杉 *Abies* 林下。

国内研究标本： 福建，戴云山，1600 m，VII. 1981. 胡美蓉（无号）（原存三明食品研究所）。台湾：台中，惠荪林场，4. VIII. 1982.陈建名（TES）。西藏：日东至察隅途中，3600 m，冷杉 *Abies* 林下，7. IX. 1982.张大成 1089（HKAS 10754）。

分布： 北美东海岸、西海岸及佛罗里达，我国华东、台湾和西藏。

讨论： 本种担孢子壁光滑与否，不甚明显。孢子的光滑或有疣，子实层的管状或褶片状，在牛肝菌科中均有兼有的现象。这保留了分化的痕迹，也出现变异的形态。在稳定中有分化，在分化中有继承。

XV. iv. 10. 喜杉绒盖牛肝菌　　图 32：7—9

Xerocomus piceicola M. Zang et M.S. Yuan, Acta Botanica Yunnanica **21(1)**：39. 1999.

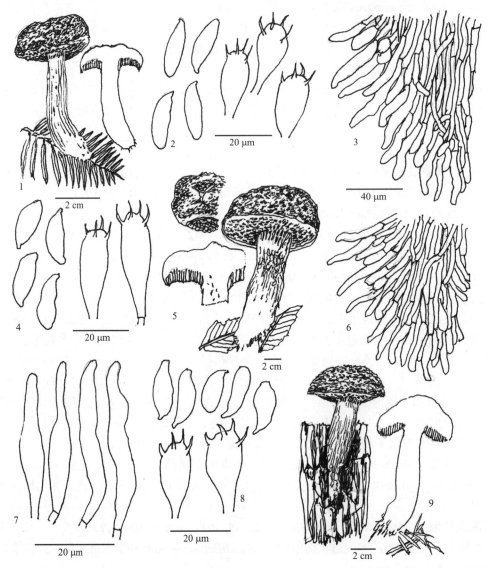

图(Fig.) 32：1—3. 褐孢绒盖牛肝菌 *Xerocomus ferruginosporus* Corner,担子果 Basidiocarps,2. 担子和担孢子 Basidia and basidiospores, 3. 菌管髓 Tubetrama；4—6. 存疑绒盖牛肝菌 *Xerocomus illudens*(Peck)R. Singer, 4. 担孢子 Basidia and basidiospores, 5. 担子果 Basidiocarps, 6. 菌管髓 Tubetrama；7—9. 喜杉绒盖牛肝菌 *Xerocomus piceicola* M. Zang et M. S. Yuan, 囊状体和侧缘囊状体 Cheilocystidia and pleurocystidia, 8. 担子和担孢子 Basidia and basidiospores, 9. 担子果 Basidiocarps。(臧穆 M. Zang 绘)

菌盖半圆形、馒头形，后期中凸或渐近平展，干燥；具绒毛，绒毛早期平铺，后期集成簇团，分割成 0.5~0.8 cm 的团块，呈赭褐色、黄赭色、橄榄褐色，中央多呈深茶色、黑褐色。盖表后期颇粗糙。盖肉厚 2~5 mm，黄色，伤后不变色，渐转淡褐色；肉生尝无异味。子实层黄色；菌管长 2~4 mm，管口圆多角形，管孔口径 0.5~0.8 mm；子实层中央部位，孔较大，10~14 枚/cm，近柄处管长 1~1.5 mm，贴生至下延。菌柄棒状，近等粗，基部向基质处微弯曲，黄褐色，上部土黄色，中部近褐色、橄榄褐色，有纵条纹，无网纹。基部菌丝乳黄色。担子棒状，顶部增阔呈头形，下部渐细，18~20×9~10 μm。担孢子长椭圆形、近纺锤形，透明，微具淡黄色，17~19×6~6.5 μm。侧缘囊状体纺锤形，32~40×7~15 μm。管缘囊状体近棒状，微弯曲，35~45×10~18 μm。

种名释义：piceicola，源于 Picea 云杉属，cola 希腊文：kolax，喜爱，言喜生于云杉树干上。

模式产地：甘肃，武都，沙河滩，2700 m, 11. VII. 1996. 袁明生 2216（HKAS 30540）。

生境与已知树种组合：生于云杉 piea asperata Mast.

国内研究标本：甘肃，武都，沙河滩，2700 m, 11. VII. 1996.袁明生 2216（HKAS 30540）。

分布：见于甘肃的高山带。

讨论：现知为我国黄土高原的特有种，其南部的横断山区尚未发现，是一个适于北方高原的物种。

XV. iv. 11. 中华绒盖牛肝菌　图 33：4—6

Xerocomus sinensis T.H. Li et M. Zang, Mycotaxon **80**: 486. 2001.

—— *Boletus luridus* f. *sinensis*（T.H. Li）nomen nudum in Z.S. Bi, T.H. Li, W.M. Zhang and B. Song, eds. 1997. A Preliminary Agaric Flora of Hainan Province p. 294.

菌盖半圆形，盖表密被绒毛，黄赭色、深褐色、橄榄灰色。盖肉厚 1~2 mm，黄色，伤后变蓝色。子实层红褐色。菌管长 2.5~5 mm，菌管口圆形，20~26 枚／cm。菌柄棒状，近等粗，4~12×1~2.5 cm，基部微膨大，黄褐色，有网纹，网纹脊黄色。柄基菌丝黄色。担子短棒状，20~35×15~25 μm。担孢子椭圆形，13~19×5~6.5 μm。侧缘囊状体纺锤状，20~40×10~16 μm。管缘囊状体，棒状 10~30×10~15 μm。

种名释义：sinensis 拉丁文：产于中国的。

模式产地：海南，乐东县，尖峰岭，天池，2. X. 1987.李泰辉 13070（HMIGD）。

生境与已知树种：生于锥栎 *Cyclobalanopsis patelliformis*（Chun）Chun 林下。

国内研究标本：海南，乐东县，尖峰岭，天池，2. X. 1987.李泰辉 13070（HMIGD）。

分布：现知为海南特有种。

讨论：为壳斗科植物林下生长的绒盖牛肝菌。

XV. iv. 12. 叔群绒盖牛肝菌　图 34：1—4

Xerocomus tengii M. Zang, J.T. Lin et N.L. Huang, Mycosystema **21（4）**：480. 2002.

菌盖扁平圆形，盖径 4~6 mm，表面干燥，密被绒毛，赭褐色、赭黄色、黄褐色、橄榄黄色。菌盖肉厚 0.8~1.1 mm,黄色,伤后变色不明显。子实层黄色。菌管长 0.4~0.6 mm，黄色，管孔口近圆多角形，孔口 2~3 枚/mm。菌管髓菌丝近两侧列，有中心束，有时中心束不甚明显。菌柄棒状，0.9~1.1×0.1~0.15 cm，等粗，黄褐色，不具网纹，具纵长条纹；柄基白色，菌丝乳白色。菌肉味不详。担子椭圆形、近棒状，19~26×7.8~12 μm。担孢子椭圆形，不甚对称，15~16.5×5~5.5 μm，透明，至微黄色。侧缘囊状体阔纺锤形，26~36×7~10 μm。管缘囊状体棒形，长纺锤形，40~45×6~8 μm。

种名释义：tengii 系纪念我国真菌学家邓叔群院士。

模式产地：福建省，三明市，瑞云山，900 m，松栎林下。

生境与已知树种组合：多生于马尾松 *Pinus massoniana* Lamb.和锥栎 *Castanopsis* 林下。

国内研究标本：福建省，三明市，瑞云山，松栎混交林下，900 m 上下，6. V. 2002. 林津添 522（HKAS 39594）。

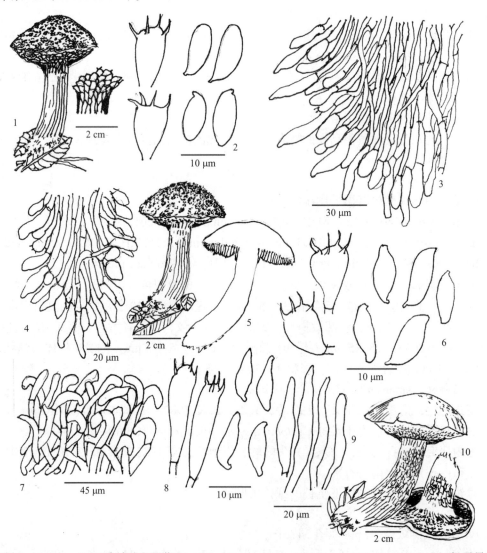

图（Fig.）33：1—3. 巨孔绒盖牛肝菌 *Xerocomus magniporus* M. Zang et R. H. Petersen, 1.担子果 Basidiocarps, 2. 担子和担孢子 Basidia and basidiospores, 3. 菌管髓 Tubetrama；4—6. 中华绒盖牛肝菌 *Xerocomus sinensis* T. H. Li et M. Zang, 4. 菌管髓 Tubetrama, 5. 担子果 Basidiocarps, 6. 担子和担孢子 Basidia and basidiospores；7—10. 颗粒绒盖牛肝菌 *Xerocomus moravicus*（Vacek）Herink, 7. 盖表层菌丝 Pileipellis, 8. 担子和担孢子 Basidia and basidiospores, 9. 管缘囊状体和侧缘囊状体 Cheilocystidia and pleurocystidia, 10. 担子果 Basidiocarps。（臧穆 M. Zang 绘）

分布：现知仅分布于我国东南沿海地区。

讨论：此菌个体较小，菌管孔较大，是一种小型的绒盖牛肝菌。

XV. iv. 13. 毛柄绒盖牛肝菌　图38：5—7

Xerocomus tomentipes (Earle) M. Zang et X.J. Li, comb. nov.

—— *Boletus tomentipes* Earle, Bull. New York Bot. Gard. **3**: 298. 1904.

—— *Ceriomyces tomentipes* (Earle) Murrill, Mycologia **1**: 154. 1909.

菌盖弧形至平头形，中部略突起，盖缘扁平，具细绒毛，有龟裂，盖表锑黄色、佛香黄色、褐黄色、橄榄褐色；龟裂凹缝深黄色；菌盖后期表面绒毛不规则脱落，呈深浅分明的斑点。盖缘不下卷。子实层锑黄色。管孔细小，近圆形，管口径 0.5~0.8 mm，管长 0.8~1 cm，近柄处下陷，顺柄处下延。菌管髓有中心束。菌盖肉凝白色，伤后淡红色、砖红色，后变蓝褐色。无异味，尝后微酸。担子长梨状，18~22×10~15 μm。担孢子长椭圆形，9~12×5~6 μm。侧缘囊状体长纺锤形，40~50×8~12 μm。管缘囊状体阔纺锤形，40~55×12~16 μm。菌柄粗棒状，等粗，直或微弯曲。柄基菌丝黄色。

种名释义：tomentipes 拉丁文：具毛的菌柄。

模式产地：美国，California, Santa Clara County, foothills 30. XI. 1901. C. F. Baker 132. (NY)。

生境与已知树种：我国长见于黄毛青岗栎 *Cyclobalanopsis delavayi* (Franch.) Schott. 林下，美洲见于栎属 *Quercus* 林下。

国内研究标本：云南：宾川，鸡足山，黄毛青岗栎林下，2000 m, 13. IX. 1938. 周家炽 (HMAS)。

分布：见于北美的西海岸和我国西南高山。为北美和东亚的间断分布种，仅见于壳斗科树种林下。

讨论：该种菌体较大，云南民间市场，在雨季称为黑牛肝入市，但菌柄无网纹，故与 *Boletus badius* Fr. 色泽微似，但非一种，且产量较少。

XV. iv. 14. 云南绒盖牛肝菌　图34：8—10

Xerocomus yunnanensis (W. F. Chiu) F. L. Tai, Sylloge Fungorum Sinicorum p. 816. 1976.

—— *Boletus yunnanensis* W. F. Chiu, Mycologia **40 (2)**: 217. 1948.

菌盖半圆形、馒头形、弧形，盖径 2.2~4 cm，土黄色、褐黄色、明褐色，密被绒毛；盖中央多具成簇的绒团，密集或分散，菌丝呈交织型；盖表平滑或微皱。菌肉近盖处黄色，近柄处淡黄色、白色，伤后不变色，无异味。子实层黄色、柠檬黄色，管孔柠檬黄色、土黄色，伤后不变色，后微呈黄褐色；近柄处下陷而顺柄下延，呈纵条纹。管孔多角圆形，孔径 0.7~1 mm，管长 4~5 mm。菌管髓有中心束。菌柄棒状，近等粗，基部不膨大或微膨大，3~5×0.3~1 cm，土黄色，有纵长条纹，偶有不明显的网纹。柄基菌丝淡黄色。担子近梨形，10~17×5~8 μm。担孢子椭圆形、长椭圆形，脐下压明显，7.5~11×3~4.5 μm。侧缘囊状体纺锤棒状，35~45×10~17 μm。管缘囊状体纺锤状，35~40×10~20 μm。

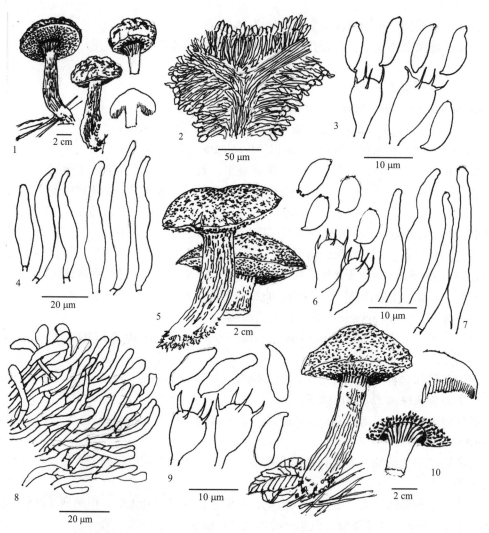

图 (Fig.) 34: 1—4. 叔群绒盖牛肝菌 *Xerocomus tengii* M. Zang, J. T. Lin et N. L. Huang, 1. 担子果 Basidiocarps, 2. 菌管髓 Tubetrama, 3. 担子和担孢子 Basidia and basidiospores, 4. 管缘囊状体和侧缘囊状体 Cheilocystidia and pleurocystidia; 5—7. 截孢绒盖牛肝菌 *Xerocomus truncatus* (R. Singer, Snell et Dick) R. Singer, 5. 担子果 Basidiocarps, 6. 担子和担孢子 Basidia and basidiospores, 7. 管缘囊状体和侧缘囊状体 Cheilocystidia and pleurocystidia; 8—10. 云南绒盖牛肝菌 *Xerocomus yunnanensis* (W. F. Chiu) F. L. Tai, 8. 盖表层菌丝 Pileipellis, 9. 担子和担孢子 Basidia and basidiospores, 10. 担子果 Basidiocarps。(臧穆 M. Zang 绘)

种名释义: yunnanensis, 产于云南的。

模式产地: VII. 1938. 戴芳澜 (HMAS)。

生境与已知树种: 生于云南松 *Pinus yunnnensis* Fr. 林下。

国内研究标本: 云南: 黑龙潭, 云南松林下, 13. VI. 1978.陈洪涛 1 (HKAS 992); 昆明, 郊区, 7. VIII. 1979.郑文康 787119 (HKAS 4865); 屏边, 大围山, 2100 m, 石栎 *Lithocarpus* 林下, 臧穆 12678 (HKAS 29645); 陆丰, 一平浪, 徐家伟 6037 (HKAS 4543); 西双版纳, 勐仑, 石栎 *Lithocarpus* 林下, 11. IX. 1974. 臧穆 1409 (HKAS 1420); 景东,

哀牢山，2350 m, 27. VIII. 1991.宋刚 314（HKAS 33685）。西藏：巴嘎，林下，28. VII. 1975. 藏穆 404（HKAS）；樟木，林下，10. VII. 1975.宗毓臣 51（HMAS 39297）。

分布：见于滇藏高原的云南松林下。

讨论：本种是我国西南高原松林下的一个特有种，被民间食用。

XV. v. 亚褶孔绒盖牛肝菌组 sect. *Pseudophyllopori* R. Singer, The Agaricales in Modern Taxonomy, Forth edition, p. 763. 1986.

菌肉遇氨液，明显变蓝。菌管近柄处下延，有时呈长管状，管口斜向下延近似褶片状。我国现知一种，即存疑绒盖牛肝菌 *Xerocomus illudens*（Peck）R. Singer

XV. v. 1. 存疑绒盖牛肝菌　图 32：4—6

Xerocomus illudens（Peck）R. Singer, Farlowia **2**: 213. 1945.

—— *Boletus illudens* Peck, Ann. Rep. N. Y. State Mus. **50**: 108. 1897.

—— *Ceriomyces illudens*（Peck）Murrill, N. Amer. Fl. **9**: 145. 1910.

—— *Ceriomyces alabamensis* Murrill, N. Am. Fl. **9**: 146. 1910.

—— *Boletus alamamensis* Sacc. & Trotter, Syll. Fung. **21**: 242. 1912.

—— *Ceriomyces flavimarginatus* Murrill, Mycologia **31**: 110. 1939.

菌盖半圆形、馒头形，6.5~12.5 cm，后期中部微凹，菌盖缘下卷。盖表密被绒毛，呈赭褐色、肉桂暗红色、砖红褐色或犀牛角色；菌盖缘近灰褐色。盖表干而不黏。子实层近柠檬黄色、洋梨黄色，菌管近柄处下延，贴生至延生；管口多角圆形，长 0.9~1.5 cm，阔 0.8~3 mm，伤后变蓝。菌肉淡黄色，伤后变蓝；生尝微甜。菌管 9~15×0.8~3 mm，黄色、蜜黄色。子实层黄色。菌管髓平行列，微有中心束。菌柄粗棒状，基部渐粗；近顶处有不甚明显的网络或纵条纹，呈粉肉桂色；菌柄表平滑，幼时微黏。担子 28~35×7.5~9.2 μm，椭圆形。担孢子 8.2~12×3.5~4.5 μm。侧缘囊状体纺锤形，40~60×15~25 μm。管缘囊状体棒状 45~65×20~25 μm。

种名释义：illudens：拉丁文：存疑的，欺骗的，言 Murrill（1909）在同号标本中，见有多种标本，既有本种标本外，尚有 *Ceriomyces ailamensis* Murrill、*Ceriomyces subtomentosus*（L.）Murrill 等杂标本置于同盒中。

模式产地：New York, Port Jefferson 1896（NYS）。

生境与已知树种：多生于锥栎 *Quercus franchetii* Skan.和松栎混交林下。

国内研究标本：广东：从化，化流溪，南亚松 *Pinus latteri* Mason 林下，2. IX. 1999.陈庆龙 17（HKAS 37177）；同地，陈庆龙 18（HKAS 37178）。四川：德荣，3400 m，高山栎林地，5. VIII. 1981.黎兴江 814（HKAS 7733）。云南：安宁，笔架山，云南松林下，20. IX. 1985.郭秀珍 85069（HKAS 14729）。西藏：米林，巴嘎，林下，2700 m, 28. VII. 1975. 藏穆 405（HKAS 405）。

分布：北美、东亚。

讨论：该菌据滇藏民间云可食，但蕴藏量较少。

XV. vi. 亚绒盖组 sect. *Subtomentosi*⁽Fr.⁾ R. Singer 1942

The Agaricales in Modern Taxonomy, Fourth edition, p. 763. 1986.

菌盖色泽多样，盖表具柔软的细绒毛，菌肉黄色、乳白色，遇氨液一般不变蓝。但色泽变暗，多呈褐色。菌丝非寄生型。菌管髓多有中心束。最常见的广布种即绒盖牛肝菌 *Xerocomus subtomentosus*（L.: Fr.）Quél.，本组我国现知 10 种。

绒盖牛肝菌属亚绒盖组分种检索表

1. 菌盖玫瑰红色、橙红色；菌盖平头形，近平展，有时中部下凹 ·············· 2.
1. 菌盖不呈玫瑰红色，不明艳；菌盖中凸 ·········· 3.
   2. 菌盖平头形，玫瑰红色；菌肉白色，伤后不变色 ·········· **XV. vi. 5. 胭脂绒盖牛肝菌 *X. puniceus***
   2. 菌盖平而中凹，橘黄色，菌肉黄白色，伤后变红 ·········· **XV. vi. 2. 莫氏绒盖牛肝菌 *X. morrisii***
3. 子实层管状 ·········· 4.
3. 子实层近迷路状 ·········· **XV. vi. 7. 亚迷路绒盖牛肝菌 *X. subdaedaleus***
   4. 菌盖径 0.5~1.5 cm。盖表土黄色；菌肉白色，伤后不变色 ····· **XV. vi. 4. 小绒盖牛肝菌 *X. parvus***
   4. 菌盖径大于 3 cm。多种色泽；菌肉淡黄或红褐色 伤后变蓝色 ·········· 5.
5. 菌盖红褐色，盖径不超 5 cm ·········· **XV. vi. 6. 枣褐绒盖牛肝菌 *X. spadiceus***
5. 菌盖非红色，盖径大于 6 cm ·········· 6.
   6. 菌盖橄榄褐色；担孢子顶部截形，末端多具两枚小突起 ··········
      ·········· **XV. vi. 9. 截孢绒盖牛肝菌 *X. truncatus***
   6. 菌盖黄褐色、褐色；担孢子椭圆形，末端不具突起 ·········· 7.
7. 菌盖暗茶色；菌柄色深，褐色 ·········· **XV. vi. 3. 暗棕绒盖牛肝菌 *X. obscurebrunneus***
7. 菌盖橄榄黄色、橄榄褐色；菌柄枣红色 ·········· 8.
   8. 菌盖金黄色，盖缘无缘膜；菌柄中部深红色，有纵条纹 ··········
      ·········· **XV. vi. 1. 金黄绒盖牛肝菌 *X. chrysenteron***
   8. 菌盖橄榄黄色，密被绒毛，盖缘有缘膜，菌柄枣红色，条纹不甚明显 ·········· 9.
9. 菌肉黄色，伤后变蓝；菌柄下部微膨大 ·········· **XV. vi. 10. 杂色绒盖牛肝菌 *X. versicolor***
9. 菌肉乳白色，伤后几不变色；柄具纵条纹，基部不膨大 ·····**XV. vi. 8. 绒盖牛肝菌 *X. subtomentosus***

Key to species of sect. *Subtomentosi* of the genus *Xerocomus*

1. Pileus old rose, orange-reddish, plane to head-shaped or concave ·········· 2.
1. Pileus with another colours, often dark, hemispherical when convex·········· 3.
   2. Pileus plane, rose-coloured, flesh white, unchanging when cut ·········· **XV. vi. 5. *X. puniceus***
   2. Pileus plane to concave, reddish-yellow or orange, flesh whitish-yellow, changing reddish when cut·······
      ·········· **XV. vi. 2. *X. morrisii***
3. Hymenium as tube mouths ·········· 4.
3. Hymenium as daedaleoid·········· **XV. vi. 7. *X. subdaedaleus***
   4. Pileus 0.5~1.5 cm. diam. darkish-yellow,fresh whitish, unchanging when cut ········ **XV. vi. 4. *X. parvus***

4. Pileus more than 3 cm. diam. with different colours, flesh yellowish or reddish-brown, changing blue when act ·· 5.

5. Pileus reddish-brown, less than 5 cm diam.································· **XV. vi. 6. *X. spadiceus***

5. Pileus not reddish, more than 6 cm diam ··· 6.

6. Pileus olive-brown, basidiospores with a truncate apex and slightly two notches ··········· ··· **XV. vi. 9. *X. truncatus***

6. Pileus yellowish-brown,basidiospores elongate,without notches ···························· 7.

7. Pileus darkish brown,olivaceous-brown, stipe brown ·············· **XV. vi. 3. *X. obscurebrunneus***

7. Pileus olivaceous-brown or olivacaous-yellow,stipe claret ···································· 8.

8. Pileus golden yellow, margin not projecting the pores, stipe deep reddish, with longitudinally fibrillose·· ··· **XV. vi. 1. *X. chrysenteron***

8. Pileus olive-yellow, finely appressed, tomentose, margin acute, stipe claret, with unclearly longitudinally fibrillose ·· 9.

9. Pileus olive-brown, olive-yellow, tomentose to smooth, hymenium yellowish, flesh yellowish, changing blue when cut,stipe base tapered·· **XV. vi. 10. *X. versicolor***

9. Pileus yellowish-brown, reddish-brown, finely tomentose, hymenium golden-yellow. flesh yellow, unchanging when cut. Stipe cylindric, longitudinally groved, base not tapered ·························· ··· **XV. vi. 8. *X. subtomentosus***

XV. vi. 1. 金黄绒盖牛肝菌　图 38：1—4

Xerocomus chrysenteron (Bull.) Quél. Fl. Myc. Fr., p. 418. 1888.

—— *Boletus chrysenteron* (Bull.: Fr.) Fries. Epicr. Syst. Myc. p. 415. 1838.

—— *Suillus chrysenteron* (Bull.: Fr.) Kuntze, Rev. Gen. Pl. **3**: 535. 1898.

菌盖半圆形，中部隆起，密被绒毛，灰褐色、鹿皮色，盖缘微翘起，色微淡；盖表菌丝直立，珊状。肉渐薄，菌肉淡黄色，近盖表处红色，伤后变蓝，生尝微甜。子实层黄色，菌孔圆多角形，14~18 枚/ cm。管长 5~6 mm，近柄处贴生微下延。担子长棒状、梨状，31~45×10~13 μm。担孢子椭圆形、长纺锤形，12~16×4.5~5.6 μm。侧缘囊状体和管缘囊状体纺锤形，38~70×8~14 μm。菌柄棒状，近等粗，上部黄色，中部紫红色，基部白色，菌丝白色。柄表具纵长条纹。

种名释义： chrysenteron 希腊文：金黄色的，言菌柄的色泽多为金黄色。

模式产地： 欧洲。Coker 和 Beers 早期研究的部分标本，可能源于巴黎，Fries 研究的本种标本，可能是 *Boletus communis* Bull. sensu Coker & Beers.，原模式未见，待考。

生境与已知树种组合： 多与冷杉属 *Abies*、石栎属 *Lithocarpus*、松属 *Pinus* 等树种组合。

国内研究标本： 内蒙古：呼伦贝尔盟扎兰屯，吊桥公园，落叶松属 *Larix* 林地, 18. VIII. 1984.杨文胜 (HKAS 23880)。江苏：苏州，灵岩山，VII. 1976.谭惠慈 3594 (上海自然博物馆)；上海郊区，栎林，10. VIII. 1982.谭惠慈 5824 (HKAS 10214)。福建：武夷山，20. VII. 1975. 谭惠慈 3172 (HKAS 10258)。台湾：台中，惠荪林场，6. X. 1998.陈建名 2301 (TES)。海南：乐东，尖峰岭，800 m, 18. VIII. 1999.袁明生 4335 (HKAS 34646)。四川：米易，3090 m, 9. VII. 1983.陈可可 179 (HKAS 13823)；盐源，大林，3200 m, 20. VII.

1983.陈可可 258（HKAS 13182）；雅江，2300 m, 24. VIII. 1984. 805（HKAS 15526）；稻城，巨龙，3400 m，袁明生 805（HKAS 15526）；青川，新光，650m, 8. IX. 1985.袁明生 1084（HKAS 159080）。贵州：黔西，百里杜鹃保护区，1700 m, 20. VI. 1985.吴兴亮 3477（HKAS 15308）。云南：中甸（香格里拉），大雪山，4300 m, 25. VII. 1998.杨祝良 2443（HKAS 32437）；红山，3700 m, 29. VII. 1986.臧穆 10582（HKAS 17601）；贡山，其期，2500 m, 21. VII. 1982.臧穆 148（HKAS 10706）；富民，青水塘，VII. 1983.林芹 12（HKAS 12568）；景东，哀牢山，徐家坝，石栎属 Lithocarpus 林下，2600 m, 24. VIII. 1994.臧穆 13302（HKAS 28166）；武定，狮子山，27. VII. 1988.黎兴江 12（HKAS 33037）。

分布：我国普遍分布。见于欧亚美洲，也见于南半球。

讨论：该种是一个广布种，也是一个广义种，其种群的分化很丰富，应进一步研究。

XV. vi. 2. 莫氏绒盖牛肝菌　图 35：5—7

Xerocomus morrisii（Peck）M.Zang et X.J. Li, comb. nov.

—— *Boletus morrisii* Peck, Bull. Torrey Bot. Cl. **36**: 154. 1909.

—— *Suillellus morrisii*（Peck）Merurrill, N. Amer. Fl. **9**: 153. 1910.

菌盖初近半圆形，后平展，中部近凹，盖缘微上翘，表面绒毛稀疏，后期光滑；杏黄色、烟黄色，偶有烟灰色，盖缘近黄色、近橙红色。菌肉淡黄色，伤后变红色，转红褐色，肉味不详。子实层黄色、橘黄色，伤后变红转褐。菌管口橘黄，伤后变红转褐，或砖红色。管口圆多角形，6~8 枚/cm。管长 4~6 mm，近柄延生。菌管狭长，菌管髓菌丝双叉分，微有中心束。担子棒状，18~22×8~10 μm。担孢子长椭圆形，不甚对称，16~18×4~7 μm，侧缘囊状体和管缘囊状体均为长柱状，微弯曲，近似纺锤状，25~40×10~14 μm。菌柄棒状，近等粗，较盖色稍淡，近淡黄色，有纵条纹，基部乳黄色，菌丝黄色。

种名释义：纪念菌学爱好者 A. P. Morris。

模式产地：美国，Massachusetts, 9. IX. 1908. A. P. Morris（NY）。

生境与已知树种组合：多见于松属 Pinus, 铁杉属 Tsuga, 冷杉属 Abies, 栎属 Quercus 等林下。

国内研究标本：四川：威远，新场，700 m，针阔叶混交林，12. VII. 1985.袁明生 1032（HKAS）；米易，普威后山，2000 m, 24. VII. 1986.云南松 Pinus yunnanensis Fr. 和栓皮栎 Quercus variabilis Bl. 林下，24. VII. 1986. 袁明生 1151（HKAS 18406）；浦江，大塘，600 m, 马尾松 Pinus maassoniana Lamb.和油茶 Camellia oleifera Abel.林下，4. IX. 1986.袁明生 1295（HKAS 18405）。

分布：除以上标本记录地区外，另也记录于吉林、辽宁、广东和西藏（袁明生，孙培琼，2007）；此外见于北美。

XV. vi. 3. 暗棕绒盖牛肝菌　图 36：1—3

Xerocomus obscurebrunneus Hongo, Journ. Jap. Bot. **54**（**10**）: 301. 1979.

—— Non *Boletus obscureumbrinus* Hongo, Mem. Shiga Univ. **18**: 49. 1968.

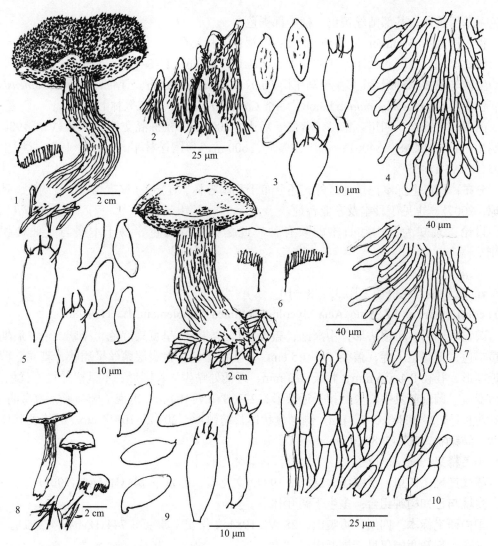

图 (Fig.) 35: 1—4. 棘皮绒盖牛肝菌 *Xerocomus mirabilis* (Murrill) R. Singer, 1. 担子果 Basidiocarps, 2. 盖表层菌丝 Pileipellis, 3. 担子和担孢子 Basidia and basidiospores, 4. 菌管髓 Tubetrama; 5—7. 莫氏绒盖牛肝菌 *Xerocomus morrisii* (Peck) M. Zang et X. J. Li, 5. 担子和担孢子 Basidia and basidiospores, 6. 担子果 Basidiocarps, 7. 菌管髓 Tubetrama; 8—10. 小绒盖牛肝菌 *Xerocomus parvus* J.Z. Ying, 8. 担子果 Basidiocarps, 9. 担子和担孢子 Basidia and basidiospores, 10. 盖表层菌丝 Pileipellis。（臧穆 M. Zang 绘）

菌盖半圆形，后近平展，盖表初具直立的绒毛，后部分脱落，深茶褐色、黑褐色，后期表面光滑；早期表面微黏，后干燥。盖径 4~6 cm，盖缘与菌管几相齐，偶下延。子实层深黄色、香黄色，不呈金黄色，老后黄褐色，近柄处下延；伤后微变蓝。管口圆多角形，10~12 枚/cm，管长 0.5~1.2 cm，菌管排列致密。菌盖肉黄色，0.8~1.5 cm 厚，无异味，生尝微酸。菌管髓菌丝双叉分，有中心束。担子棒状，上部较粗，下部渐细，14~20×8~10 μm。担孢子长椭圆形，近对称，12~15×4~6 μm，透明，微黄色。侧缘囊状体和管缘囊状体长纺锤形，35~45×15~20 μm。菌柄棒状，近等粗，4~6×0.5~1 cm，顶端黄色，基部黄色，基部菌丝黄色。柄中部褐色。

种名释义：obscurebrunneus 拉丁文：深褐色、棕褐色。

模式产地：日本，大津，1967，本乡次雄(T. Hongo)(TNS–F)。

生境与已知树种组合：多生于马尾松 *Pinus massoniana* Lamb、云南松 *Pinus yunnanensis* Fr.、栓皮栎 *Quercus massoniana* Lamb、油茶 *Camellia oleifera* Abel.等林下。

国内研究标本：四川：米易，普威，后山，2000 m，松栎混交林下，24. VII. 1986. 袁明生 1151(HKAS 18406)；蒲江，大塘，600 m，马尾松林下，4. IX. 1986.袁明生 1295(HKAS 18405)。

分布：除以上标本记录地区外，还分布于我国吉林、辽宁、广东、西藏(袁明生，孙佩琼，2007)。也见于日本及东亚各地。

讨论：现知为我国和日本的兼有种。此菌体的棕褐色，易于本属与其他种相区别。

XV. vi. 4. 小绒盖牛肝菌　图 35：8—10

Xerocomus parvus J.Z. Ying, Acta Mycologica Sinica, Supplement. I: 311. 1986.

菌盖半圆形、小馒头形，中渐凸；盖表密具短绒毛，呈苋菜红色、深紫红色，后期近黄褐色；盖缘不下卷，盖径 0.5~1.5 cm。子实层黄色，盖表层菌丝呈珊状，直立。菌管近圆形，孔径 0.4~0.5 mm，管长 2~3 mm，近柄处贴生，长圆形，不呈褶片状，黄色，伤后变蓝。菌管髓具中心束。担子近梨形，27~39×0.7~10 μm。担孢子椭圆形，微弯曲，不甚对称，7.2~10.8×3.6~5.4 μm。侧缘囊状体长纺锤形，30~45×10~14 μm。管缘囊状体棒状、纺锤状，30~45×8~10 μm。

种名释义：parvus 拉丁文：微小的，言其体形较小。

模式产地：四川，贡嘎山，28. VI. 1984. 文化安，苏京军 744(HMAS 47902)。

生境与已知树种组合：多生于阔叶林下。

国内研究标本：四川：贡嘎山，28. VI. 1984.文化安，苏京军 744(HMAS 47902)。

分布：现知我国仅见于横断山区。

讨论：本种近似 *Xerocomus microcarpus* Corner，但后者菌盖褐黄色，担孢子橄榄褐色。

XV. vi. 5. 胭脂绒盖牛肝菌　图 36：4—6

Xerocomus puniceus(W. F. Chiu)F. L. Tai, Sylloge Fungorum Sinicorum, p. 815. 1979.

—— *Boletus puniceus* W. F. Chiu, Mycologia **40**: 217. 1948.

菌盖平展，平截头形，盖径 4~6 cm，具绒毛，呈玫瑰红色、粉红色、牡丹红色，有晕斑，斑枣红色；盖缘全缘。菌肉乳黄色，伤后不变色，微呈褐色。子实层松花黄色。菌管多角形，菌孔较大，孔径 2~2.5 mm，4~7 枚/cm，近柄处下陷；管长 1~1.7 mm。担子棒状，18~20×10~14 μm。担孢子椭圆形，12~19×7~8 μm。菌柄棒状，近等粗，10~12×0.8~1.2 cm，粉红色，有深红色网纹。柄基菌丝黄色。

种名释义：puniceus 拉丁文：微红的，言菌体红色。

模式产地：昆明，妙高寺，30. IX. 1942.王焕如（HMAS）。

生境与树种组合：多生于云南松 Pinus yunnanensis Fr.林下。

国内研究标本：云南：昆明，妙高寺，30. IX. 1942.王焕如（HMAS）。

分布：现知为云南特有种。

讨论：其菌盖红色，盖平截。仅见于云南松树下。

XV. vi. 6. 枣褐绒盖牛肝菌　图 36：7—9

Xerocomus spadiceus (Fr.) Quél. Fl. Mycol., p. 417. 1888.

—— *Boletus spadiceus* Fr. Epicr. Syst. Myc., p. 415. 1838.

—— *Xerocomus coniferarum* R. Singer, Farlowia **2**: 297. 1945.

—— *Boletus subtomentosus* ssp. *spadiceus* var. *lanatus* Konr. & Maubl. Icon. Sel. Fung. **6**: 463. 1935.

菌盖半圆形、馒头形，表面具密绒毛，多有凹陷不平，或具龟板状裂口；呈褐色、红褐色，老后黄褐色。菌盖肉黄色，遇氨液变蓝绿色；生尝有甜味，闻之有菌香气。子实层黄色，伤后变蓝。菌管孔多角形，孔口径 1~2 mm，管长 8~10 mm。担子棒状，18~22×8~12 μm。担孢子椭圆纺锤形，10~14×4.5~5 μm，透明微褐色，侧缘囊状体和管缘囊状体近棒状、纺锤状，40~55×8~15 μm，菌柄棒状，上下等粗，呈黄褐色，有纵长条纹，无网状纹；近柄基处菌丝乳黄色。

种名释义：spadiceus 拉丁文：枣红色，言菌盖的色泽。

模式产地：法国，巴黎的 Boudier's Herbarium，由 Rostkovius 所采的标本。

生境与已知树种组合：多生于针阔叶混交林下，如冷杉属 *Abies*、云杉属 *Picea*、栎属 *Quercus*、杨属 *Populus* 等林下。

国内研究标本：山西：关帝山，IX. 1978.滕崇德 160（HKAS）。台湾：南投县，惠苏林场，15. VIII. 2001.陈建名 3029（HKAS 38783）。海南：乐东县，尖峰岭，林下，7. X. 1982. 弓明钦 825240（HKAS 22390）。贵州：龙里县，1100 m，马尾松 *Pinus massoniana* Lamb.林下，VII. 1983.吴兴亮 837（HKAS 14497）。四川：西昌，螺髻山，2000 m，7. VIII. 1983.袁明生 205（HKAS 11744）；木里，3600 m，27. VIII. 1983.陈可可 882（HKAS 14132）；蒲江，大塘，650 m，25. VII. 1985.袁明生 1006（HKAS 15839）；乡城，马鞍山，4000 m，高山栎林下，13. VIII. 1981.黎兴江 2067（HKAS 8683）。云南：德钦，白马雪山，东坡，3700 m，11. VII. 1981.冷杉林下，陈俊武 833（HKAS 7762）；白马雪山，3800 m，杜鹃林下，14. VII. 1981. 黎兴江 855（HKAS 7784）；白马雪山，3750 m，12. VII. 1981.黎兴江 848（HKAS 7777）；泸水，片马，2400 m，*Schima*（木荷属　）林下，29. IX. 1998. 臧穆 12937（HKAS 32771）。西藏：墨脱，树干生，13. XI. 1982.苏永革 5204（HKAS 15991）。

分布：见于欧洲、北美和东亚，我国见于华北、西南、台湾等地。

讨论：R. Singer 曾发表一个名为 *Xerocomus coniferarum* R. Singer 长在松林下的一个种，但其形态与本种相同。本种也近似 *Xerocomus lanatus*（Rostkovius）R. Singer，但后者生于落叶阔叶林下，且担孢子较小，故非同种。

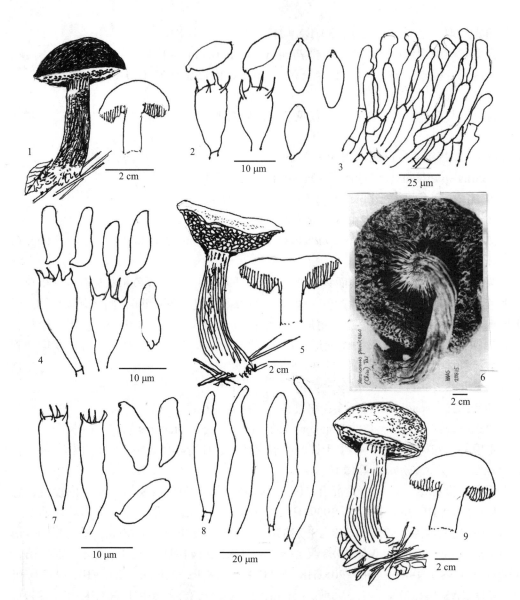

图（Fig.）36：1—3. 暗棕绒盖牛肝菌 *Xerocomus obscurebrunneus* Hongo, 1. 担子果 Basidiocarps, 2. 担子和担孢子 Basidia and basidiospores, 3. 盖表层菌丝 Pileipellis；4—6. 胭脂绒盖牛肝菌 *Xerocomus puniceus*（W. F. Chiu）F. L. Tai, 4. 担子和担孢子 Basidia and basidiospores, 5. 担子果 Basidiocarps, 6. 子实层 hymenium；7—9. 枣褐绒盖牛肝菌 *Xerocomus spadiceus*（Fr.）Quél., 7. 担子和担孢子 Basidia and basidiospores, 8. 管缘囊状体和侧缘囊状体 Cheilocystidia and pleurocystidia, 9. 担子果 Basidiocarps。（臧穆 M. Zang 绘）

XV. vi. 7. 亚迷路绒盖牛肝菌　图 37：1—3

Xerocomus subdaedaleus J. Z. Ying, Acta Mycologica Sinica, Supplement **I**: 313. 1986.

　　菌盖半圆形，后近平展，呈扁馒头形，盖径 2.5 cm，淡褐色、黄褐色、胡桃壳色（Pecan Brown），盖中央棕褐色、砖红色，盖缘较淡，近土黄色，被纤细绒毛。菌肉乳白色，伤后变蓝，肉味不详。子实层深黄色，呈不规则的迷路状。菌管口长条形，4~6×1~2 mm，管口有裂齿，近柄处微下延，伤后变蓝色。菌管髓近平行列。担子棒状，34~58×11~14 μm。担子小柄 2~4 枚。担孢子椭圆形、纺锤形，末端钝圆或微尖，10~13×4.3~5.8 μm。侧缘囊状体纺锤形，50~85×9~10 μm。管缘囊状体圆柱形，40~60×10~15 μm。菌柄棒状，等粗，表光滑，色泽较盖为淡，柄基菌丝乳白色。

种名释义：subdadaedaleus 拉丁文：近迷路状，言子实层近迷路状。

模式产地：四川，贡嘎山，25. VII. 1984.文化安 1169（HMAS 47904）。

生境与已知树种组合：多生于冷杉属 Abies 林下。

国内研究标本：四川，贡嘎山，25. VII. 1984.文化安 1169（HMAS 47904）。

分布：现知仅见于四川。

讨论：该子实层的迷路状形态是菌管状到菌褶状的过渡，或菌管与菌褶形态兼有，与本科中的钉头圆孢牛肝菌 Gyrodon minutus（W. F. Chiu）F. L. Tai 有相似之处，但本种担孢子不呈卵圆形，而是绒盖牛肝菌属 Xerocomus 型。

XV. vi. 8. 绒盖牛肝菌　　图 37：4—7；彩色图版 VI: 11

Xerocomus subtomentosus（L.: Fr.）Quél. Fl. Myc. Fr., p. 418. 1888.

—— *Boletus subtomentosus* L.: Fr, Syst. Mycol. p. 389.1821.

—— *Leccinum subtomentosum*（L.: Fr.）S. F. Gray, Nat. Arr. Brit. Pl. **1:** 647. 1821.

—— *Rostkovites subtomentosus*（L.: Fr.）Karsten, Rev. Mycol. **3:** 16. 1881.

—— *Versipellis subtomentosa*（L.: Fr.）Quél., Enchir. Fung. p.158. 1886.

—— *Suillus subtomentosus*（L.: Fr.）Kuntz, Rev. Gen. Pl. **3:** 535. 1898.

—— *Ceriomyces subtomentosus*（L.: Fr.）Murrill, Mycologia **1:** 153. 1909.

菌盖半圆形，后近平展，盖径 4~10 cm，盖表密被绒毛，呈橄榄褐色、橄榄黄色，干燥，呈鹿皮状，平滑或微具手指纹状花纹，少有凹痕。遇氨液，呈蓝黑色；盖缘微盖菌管。盖肉淡黄色，伤后变色不明显，肉味微香，尝后无异味。子实层黄色、金黄色，管口多角形，8~11 枚/ cm，管长 5~15 mm，近柄微陷，下延不太明显，但菌管顺柄延长。菌管髓菌丝平行列，有中心束。担子长棒状，30~35×7~10 μm。担孢子椭圆形、纺锤形，橄榄褐色，10.5~15.2×4~5.2 μm。侧缘囊状体和管缘囊状体均呈纺锤形，30~65×7.5~12 μm。菌柄棒状，近等粗，上部黄色，中部有红色纵条纹，柄基微尖。菌丝黄色。

种名释义：subtomentosus 拉丁文：近于有绒毛的，言菌盖有毛。

模式产地：原记录于欧洲。模式藏地或为 Karsten 工作的 Helsinki University。

生境与树种组合：多见于混交林下，如松属 Pinus、栎属 Quercus、山毛榉属 Fagus、桦木属 Betula 等。

国内研究标本：内蒙古：包头，九峰山，云杉林地，2100 m, 16. VIII. 1988.宋刚 1002（HKAS 23888）；呼伦贝尔盟，扎兰屯市，吊桥公园，15. VII. 1984.杨文胜 631（HKAS 23889）。新疆：北屯，5. VI. 2001.熊银安 1（HKAS 38111）。江苏：宝华山，420 m, 17. VII. 1958.李旭旦，臧穆，736（HKAS）；南京，灵谷寺，栎林下，7. VII. 1954.臧穆 53（南京师范大学标本室）。浙江：杭州，灵隐寺，VI. 1973.谭惠慈 1368（HKAS 10249）。福建：武夷山，19. VII. 1975.谭惠慈 3093（HKAS 10267）；南靖，大际，栎树林下，8. VIII. 1960.

臧穆163（南京师范大学标本室）；福州，鼓山，5. VII. 1993.臧穆12158（HKAS 27959）；黄岗山，松林下，钱小鸣822012（厦门大学，真菌室）。台湾：台中，惠荪林场，清境，11. X. 1990.陈建名3078（HKAS 41123）。海南：乐东县，尖峰岭，13. VIII. 1983.弓明钦833019（HKAS 22394）。湖南：桑植县，八大公山，1300 m，松林下，15. VII. 2003.王汉臣314（HKAS 42458）。四川：米易，2900 m，8. VII. 1983.陈可可174（HKAS 14020）；乡城，马鞍山，3300 m，松林下，13. VIII. 1981.黎兴江862（HKAS 7791）；乡城，马鞍山，4000 m，15. VIII. 1981.黎兴江864（HKAS 7793）。云南：德钦县，白马雪山，3750 m，冷杉林下，10. VII. 1981.黎兴江830（HKAS 7749）；白马雪山，东坡，3760 m，松栎林带。11. VII. 1981.黎兴江862（HKAS 7791）；贡山，其期，齐恰罗，1900 m，19. VII. 1982.臧穆70（HKAS 10611）；丽江，玉峰寺，2700 m，松林下，29. VII. 1989.臧穆10078（HKAS 14954）；晋宁，松林下，2. IX. 1985.毕国昌85012（HKAS 14868）；思茅，红旗水库，松林下，1400 m，11. IX. 1986.陈可可127（HKAS 17685）；大理，点苍山，杉飑亭，3100 m，7. IX. 2000.臧穆13946（HKAS 36688）；南涧，灵宝山，2810 m，*Castanopsis*林下，5. IX. 2000.臧穆13691（HKAS 36691）。西藏：墨脱，1983.苏永革3220（HKAS 16487）。

分布：为世界广布种。

讨论：为我国各地的一个习见种，南北夏秋均较易见。其种下等级有较广的分化，如var. *marginalis* Boudier, Icon. Sel. Fung. **6**: 3. 1905；var. *perlexus* Smith & Thiers, Bolete of Michigan, p. 257. Pl. 103. 1971.等。

XV. vi. 9. 截孢绒盖牛肝菌 图34：5—7

Xerocomus truncatus（R. Singer, Snell & Dick）R. Singer, Snell et Dick, Mycologia **51**: 573. 1959.

—— *Boletus truncatus*（R. Singer, Snell & Dick）Pouzar, Ceska Mykol. **20**: 2. 1966.

—— *Xerocomus chrysenteron* forma *truncatus*（R. Singer, Snell & Dick）Salata, Acta Mycol. **7**: 13. 1971.

菌盖扁圆形，初期中央凸起，后期近平展，或微凹；盖缘裂成钝锯齿状（crinulate）；盖表密被成丛的绒毛，深橄榄色、橄榄褐色，毛丛间的盖肉近褐红色；盖缘近红褐色；盖表后期有凹陷和龟裂。菌肉近盖表处呈蔷薇红色，菌肉淡黄色，伤后变蓝。有菌香味，生尝微甜。子实层淡黄色、橄榄黄色，近柄处下延；管孔狭长，4×1.5 mm，管长7~1.5 mm，管孔圆多角形，排列不规则。菌管髓两侧分，有中心束。担子粗处棒状，顶部钝，28~35×8~12 μm。担孢子不对称阔纺锤形，孢顶近平截，孢脐凹处明显；成熟孢子末端遇KOH溶液，多显有两枚痕突（notch），在潮湿环境下不明显；孢子淡橄榄褐色，10~15×4.5~6.5 μm。侧缘囊状体细纺锤状，40~50×6~10 μm。管缘囊状体粗纺锤状，45~55×10~25 μm。

种名释义：truncatus拉丁文：截形的，言担孢子微呈截形。

模式产地：欧洲模式不详；美洲引证标本是Highlands, North Carolina, 19. VII. 1941. W. C. Coker, 12395. as *Boletus chrysenteron*（Bulliard ex St. Amans）Fries，但该份标本的担孢子不呈截形。

生境与已知树种组合：多生于松栎混交林。

国内研究标本：山东：曲阜，孔庙，松林下，17. X. 2000.周彤燊832（HKAS 37420）。

云南：南涧，无量山脉，凤凰山，2300 m，松林，16. VIII. 2001.臧穆 13907（HKAS 38648）。

分布：为北温带种，见于欧洲、亚洲、北美洲的松栎混交林下。

讨论：本种的担孢子末端有时具突痕，但多不明显，在幼时更不明显，这一现象可能与个体发育的不同阶段有关。

XV. vi. 10. 杂色绒盖牛肝菌　图 37：8—10

Xerocomus versicolor（Rostk.）Quél., Fl. Myc. p. 418. 1888.

—— *Boletus versicolor* Rostk. in Sturm, Deutschl. Fl. Abth. III. **5:** 55. 1844.

—— *Boletus rubellus* Krombholz, Nat. Abb. Schw. **5:** 12. 1838.

—— *Xerocomus rubellus*（Krombholz）Quél. Assoc. Fr. Av. Sc.: 620. 1895.

—— *Suillus rubellus*（Krombholz）Kuntze, Rev. Gen. Pl. **3:** 536. 1898.

—— *Xerocomus bicolor*（Peck）Cetto, Enzykl. der Pilze 1: 501. 1987.

菌盖半圆形、馒头形，盖径 3~5 cm，中凸而近平展，密被近小团块簇生的绒毛，暗红色、枣红色、红褐色，幼时常血红色，干燥；盖缘微卷或与菌管齐平。菌肉黄色，伤后变蓝，无异味，口尝微酸而转甜。子实层金黄色、深黄色，伤后变蓝转褐。管口多角圆形，10~12 枚/cm，管长 0.5~1.2 cm，菌管口的壁非光滑型，而多有残裂，近柄处下陷而下延。菌管髓菌丝平行列，有中心束。担子长棒状，35~45×9~13 μm。担孢子长椭圆形或长卵圆形，9.5~12.5×4.2~6 μm。侧缘囊状体和管缘囊状体近棒状、近纺锤状，35~62×8.5~11 μm。菌柄棒状，基部膨大呈臼形，0.5~1.5×4~6 cm，顶部表面黄色，中部与盖色相同，具枣色的纵条纹，基部近乳白色，菌丝近白色。

种名释义：versicolor 拉丁文：杂色的，言菌体，尤以菌柄兼有多种色彩。

模式产地：其原模式不详，尚待进一步考证。

生境与已知树种组合：多见于榛木属 *Corylus*、桦木属 *Betula*、赤杨属 *Alnus*、松属 *Pinus* 及云杉属 *Picea* 等林下。

国内研究标本：新疆：巴里坤口门子，2500 m，云杉属 *Picea* 林下，30. IX. 1998.袁明生 3902（HKAS 33270）。四川：贡嘎山，落叶松属 *Larix* 林下，2900 m，雪地生，18. X. 1998.袁明生 1081（HKAS 15904）。

分布：欧洲、东亚北部、北美洲，多见于阔叶落叶和针叶林地。

讨论：这是一个北温带种，有时见于积雪中，生长季较长，在西南地区的高山带，十月份仍能见到。

XVI. 金孢牛肝菌属 Xanthoconium R. Singer
Mycologia **36**: 361. 1944.

近柄处贴生，下陷而微下延，延柄的管长近 1 cm。菌管髓双叉分，微具中心束。孢子印锈黄褐色、黄褐色。担子较密集，棒状。担孢子狭柱状，金黄色、苏丹褐色（Sudan brown）、赭褐色（Argus brown）。具侧缘囊状体和管缘囊状体，长纺锤形、棒形。菌肉乳白色，无异味，伤后变色不明显。菌柄棒状或纺锤状。见于亚热带和温带。全球 7 种，我国 2 种，多见于针阔叶混交林下。

属模式种：***Xanthoconium stramineum***（Murr.）R. Singer 。

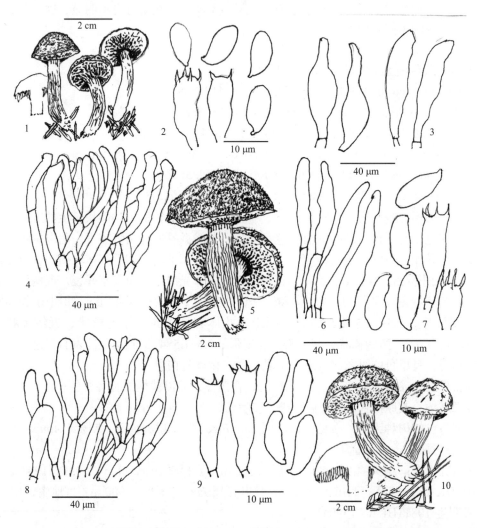

图（Fig.）37：1—3. 亚迷路绒盖牛肝菌 *Xerocomus subdaedaleus* J.Z. Ying, 1. 担子果 Basidiocarps, 2. 担子和担孢子 Basidia and basidiospores, 3. 管缘囊状体和侧缘囊状体 Cheilocystidia and pleurocystidia；4—7. 绒盖牛肝菌 *Xerocomus subtomentosus*（L.: Fr.）Quél., 4. 盖表层菌丝 Pileipellis, 5. 担子果 Basidiocarps, 6. 管缘囊状体和侧缘囊状体 Cheilocystidia and pleurocystidia, 7. 担子和担孢子 Basidia and basidiospores；8—10. 杂色绒盖牛肝菌 *Xerocomus versicolor*（Rost.）Quél., 8. 盖表层菌丝 Pileipellis, 9. 担子和担孢子 Basidia and basidiospores, 10. 担子果 Basidiocarps。（臧穆 M. Zang 绘）

金孢牛肝菌属分种检索表

1. 菌盖暗褐色、灰栗色，平而皱缩；管口较大，口径 1~3 mm············ **XVI. 1.** 褐金孢牛肝菌 *X. affine*
1. 菌盖紫红色、血红色，盖平滑；管口较小，口径 0.6~0.8 mm···
··· **XVI. 2.** 紫金孢牛肝菌 *X. purpureum*

Key to species of the genus *Xanthoconium*

1. Pileus dark brown and dark gray brown, later plano, somewhat scurfy when older. Tube mouth 1~3 mm diam ···**XVI. 1. *X. affine***
1. Pileus purplish red, blood red, glabrous. Tube mouth 0.6~0.8 mm diam ···············**XVI. 2. *X. purpureum***

XVI. 1. 褐金孢牛肝菌　图 38：8—10；彩色图版 VI: 12

Xanthoconium affine (Peck) R. Singer, The American Mildland Naturalist. **37**: 88. 1947.

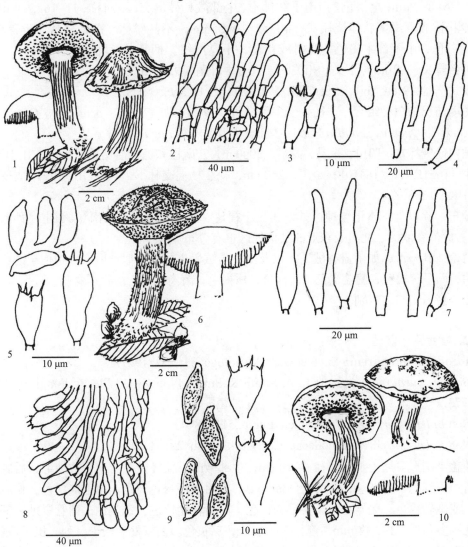

图 (Fig.) 38：1—4. 金黄绒盖牛肝菌 *Xerocomus chrysenteron* (Bull.) Quél., 1. 担子果 Basidiocarps, 2. 盖表层菌丝 Pileipellis, 3. 担子和担孢子 Basidia and basidiospores, 4. 管缘囊状体和侧缘囊状体 Cheilocystidia and pleurocystidia；5—7. 毛柄绒盖牛肝菌 *Xerocomus tomentipes* (Earle) M. Zang et X.J. Li, 5. 担子和担孢子 Basidia and basidiospores, 6. 担子果 Basidiocarps, 7. 管缘囊状体和侧缘囊状体 Cheilocystidia and pleurocystidia；8—10. 褐金孢牛肝菌 *Xanthoconium affine* (Peck) R. Singer, 8. 菌管髓 Tubetrama, 9. 担子和担孢子 Basidia and basidiospores, 10. 担子果 Basidiocarps。(臧穆 M. Zang 绘)

—— *Boletus affinis* Peck, Rep. N. Y. State Mus. **25**: 81. 1873.

—— *Suillus affinis* Kuntze, Rev. Gen. Pl. **3**(2): 535. 1898.

—— *Ceriomyces affinis* Murrill, Mycologia **1**: 149. 1909.

菌盖半圆形，盖径 4~10 cm，呈深褐色、黄赭色、犀牛角色、琥珀褐色或蜜黄色，偶呈砖红色；具绒毛，后期近光滑，有时具裂纹或具不规则的凹陷不平，中凸；盖缘常不规则弯曲。子实层黄白色，管孔白色、蜜黄色，伤后不甚变色，或微变褐色；近柄处下陷。管孔圆多角形，2~4 枚/mm，管长 7~15 mm。菌管髓菌丝双叉分。担子棒状，24~26×8~9 μm，金褐色。担孢子纺锤形，中部微具弓形突，不对称，11~16×3~4 μm。侧缘囊状体和管缘囊状体烧瓶状，40~52×10~25 μm，不甚对称。菌柄柱状，近等粗，顶端乳白色，中下部木褐色，光滑或粗糙，不具网纹。柄基菌丝乳黄色。

种名释义：affine 拉丁文：相关的，言与牛肝菌属极为相似。

模式产地：New York, Greenbush, VII. 1871. C. H. Peck（NYS）。

生境与已知树种组合：往往生于多种栎属 *Quercus*，如 *Quercus acutissima* Carr.、*Q. fabra* Hance、*Quercus pannosa* Handel-Mazz.及山毛榉属 *Fagus* 等林下。

国内研究标本：四川：米易，海塔，2000 m，云南松和栎树混交林地，26. VII. 1986. 袁明生 1165（HKAS 18410）；金川，2500 m，松、杨混交林下，16. VIII. 1991. 袁明生 1584（HKAS 23863）。

分布：除以上标本记录地区处，还见于福建、广西、贵州及云南（袁明生，孙佩琼 2007）。此外在欧洲、北美及东亚的其他地区也有分布。

讨论：其外形，如菌盖有绒毛，以及生境与绒盖牛肝菌相似，但本种担孢子的色泽不透明，而呈黄褐色；菌盖褐色、黄褐色、橘褐色；菌肉白色，伤后不变蓝，微呈黄色，无异味等特征则与之有别。

XVI. 2. 紫金孢牛肝菌 图 39：1—3

Xanthoconium purpureum Snell et Dick, Mycologia **53**: 234. 1961.

—— *Boletus purpureofuscus* Smith in Smith & Smith, Non Gilled Fleshy Fungi, p. 233. 1973.

—— Non *Boletus purpureus* Fr., Hymen. Eur. p. 511. 1874.

—— Non *Boleus purpureus* Smotlacha, Cas. Cesk. Houb. 29: 31.1952.

菌盖半圆形，后近平展，径 3~10 cm，中部微凸，盖缘微下卷；初被绒毛，后脱落变光滑；深红色、紫红色、红栗色（Maroon），有时具淡褐色斑点。菌盖肉白色，伤后不变色，或微转褐色，无异味。子实层初白色，后渐转赭黄色、锈黄色，菌管紧贴菌柄。菌管孔圆多角形，1~3 枚/mm，管长 8~16 mm，赭黄色。菌管髓菌丝平行列。担子棒状，15~20×7~10 μm。担孢子阔椭圆形、近纺锤形，8~14×3~4 μm。壁光滑，淡褐色。孢子印锈赭色、黄赭色。囊状体未见。菌柄棒状，近等粗，柄基微膨大，淡黄色，有红褐色纵条纹，上部具不明显的网纹。柄基菌丝白色。

种名释义：purpureofuscus 拉丁文：紫褐色。

模式产地：美国, Connecticut. 1961. W. H. Snell, no. 2193（BPI）。

生境与已知树种：多见于杨属 *Populus*、赤杨属 *Alnus*、栎属 *Quercus* 和松属 *Pinus* 林下。

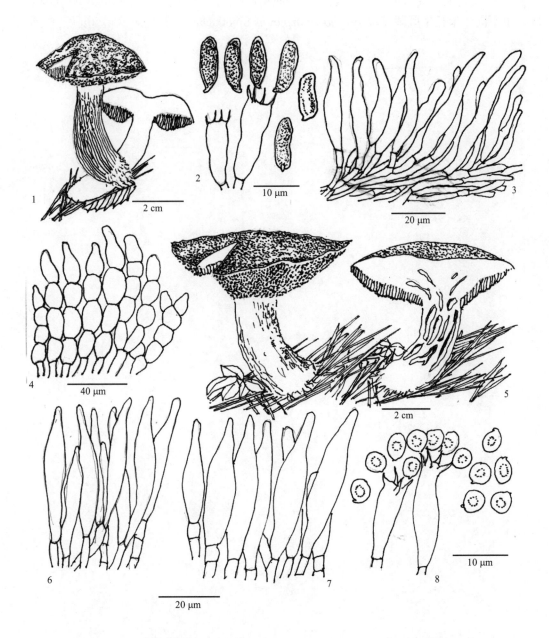

图 (Fig.) 39：1—3. 紫金孢牛肝菌 *Xanthoconium purpureum* Snell et Dick, 1. 担子果 Basidiocarps, 2. 担子和担孢子 Basidia and basidiospores, 3. 管缘囊状体和侧缘囊状体 Cheilocystidia and pleurocystidia；4—8. 微孢圆孔牛肝菌 *Gyroporus pseudomicrosporus* M. Zang, 4. 盖表层菌丝 Pileipellis, 5. 担子果 Basidiocarps, 6. 侧缘囊状体 Pleurocystidia, 7. 管缘囊状体 Cheilocystidia, 8. 担子和担孢子 Basidia and basidiospores。(臧穆 M. Zang 绘)

国内研究标本：云南(邵力平等，1997)。

　　分布：北美和东亚。

　　讨论：本种的主要特征是菌体紫色,孢子淡褐色。它不同于紫牛肝菌 *Boletus purpureus* Fr.，也不同于朱孔牛肝菌 *Boletus rhodopurpureus* Smotlacha 。

二、本卷所列我国牛肝菌科诸属的地理分布

和菌物相(区系)的讨论

本卷所载牛肝菌类包括褶孔牛肝菌属 Boletinellus 1 种、小牛肝菌属 Boletinus 11 种、褐孔小牛肝菌属 Fuscoboletinus 4 种、圆孢牛肝菌属 Gyrodon 3 种、圆孔牛肝菌属 Gyroporus 11 种、疣柄牛肝菌属 Leccinum 23 种、隆柄牛肝菌属 Phlebopus 1 种、粉末牛肝菌属 Pulveroboletus 6 种、华牛肝菌属 Sinoboletus 11 种、绒盖牛肝菌属 Xerocomus 42 种和金孢牛肝菌属 Xanthoconium 2 种, 共计 115 种。据本卷已研究的标本, 各省地主要的分布属, 大致如下: 云南 11 属, 四川、台湾各 8 属, 贵州 7 属, 福建 6 属, 吉林、辽宁、西藏、湖北、广东、海南各 5 属, 湖南 4 属, 其余诸省地均少于 3 属(图 Fig. 40)。

从牛肝菌科属种类别及生物多样性的丰富程度上讲, 我国西南地区是全球极丰富的地区之一。我国又是与美洲、非洲和东南亚同样的牛肝菌科生物多样性最为丰富的圣地之一(Corner 1972; Singer 1947, 1990; Pegler 1977)。我国牛肝菌科志(I) 2006 和本卷共载 16 属 244 种, 尚不包括苦孢牛肝菌属 Tylopilus 和乳牛肝菌属 Suillus 的种类。我国西南(藏、滇、川、黔)是我国该科产量(包括属种数量和每年的出产量)最丰富的地区。例如云南, 每年雨季来临, 进入山林, 回峰四辟, 雾倏开合, 林下菇蕾, 远近迭出。我国现知的属种量远超过欧洲和北美。与中南美洲(Singer, 1990)、南亚(Corner, 1972)和非洲(Pegler, 1977)相比, 其属种各有类同, 且数量各有上下, 并各拥有其特有种。例如, 我国的华牛肝菌属 Sinoboletus 仅见于我国西南地区; 非洲的非洲圆孢牛肝菌属 Paragyrodon R. Singer 及褐圆孔牛肝菌属 Phaeogyrodon R. Singer 在我国尚未发现。我国热带地区面积太少, 热带牛肝菌种类相对贫瘠, 如金孢牛肝菌 Xanthoconium affine (Peck) R. Singer 仅于我国西南小面积林下散生, 紫金孢牛肝菌 Xanthoconium purpureus Fr. 仅见于云南。菜叶色苦孢牛肝菌 Tylopilus potamogetones R. Singer 与桃花心木 Swietenia、热带豆属 Swartzia 和巴西豆属 Aldina 有菌根组合关系。近年来, 我国引种树种渐多, 相应的菌根菌种伴随而生, 时有菌丝的记录, 但未见出现担子果的报道。在南半球的南山毛榉 Nothofagus 林下, 有 1 个黏被牛肝菌属 Fistulinella Henn., 其菌盖和菌柄均有极明显的胶状外被, 该属现知 6 种, 其中斯氏黏被牛肝菌 Fistulinella staudtii Henn. 在日本本州的南部(Southern Honshu) 曾被本乡次雄(Tsuguo Hongo)报道过(Singer, 1986)。在南山毛榉和桉属 Eucalyptus 林下的塔斯马尼亚牛肝菌 Boletus tasmanicus Hongo er Mills 是南半球桉树林下生的牛肝菌 (Hongo & Milla,1988), 但国内的桉树林下, 迄今从未发现。南山毛榉紫孢牛肝菌 Porphyrellus nothofagi McNabb. 也仅见于南半球。滇藏南部, 尤在 1500 m 以下, 雨季湿度大, 水气横贯, 植物和菌物与云气共吞吐, 枝干与菌丝纵横交织, 垂干虹枝上下杂陈, 小体型的牛肝菌间生于土层和树干上, 菌丝疏密不等, 多种菌类层出不穷。在云南西双版纳勐腊县, 有一片望天树林, 即柳安属 Parashorea 林, 该属是亚洲东南部和马来西亚

广布的乔木树种，其下有苦孢牛肝菌属 *Tylopilus*10 余种的记录。我国的望天树只 1 种，发现和发表于"文革"时期，学名是 *Parashorea chinensis* Wang Hsie，其定名人是望天树协作组，当时订名人署名，恐有个人成名夺利之嫌，故用集体名字。该地林下，作者去过 4 次，惜未采到苦孢牛肝菌。该处雨季时，湿度较大，海拔在 800 m 上下有不少特有的种类出现，如陈香牛肝菌 *Boletus citrifragrans* W. F. Chiu et M. Zang 和怪形隆柄牛肝菌 *Phlebopus portentosus*（Berk. et Broome）Boedijn，均在本区和滇中的混交林下出现。在某些垂枝、倒木纵横的林地，金黄绒盖牛肝菌 *Xerocomus chrysenteron*（Bull.: Fr.）Quél.是易于见到的菌类。在哀牢山徐家坝的栎林下 2500 m 处，是首次发现华牛肝菌属 *Sinoboletus* 的属模式产地。哀牢山和无量山是云南境内横断山脉南端的两个纵向平行的山脉，再南则是低海拔的西双版纳，在无量山曾发现斜脚牛肝菌 *Boletus instabilis* W. F. Chiu，这是滇中一带的稀见特有种。Singer 已引证在本区发表的华丽牛肝菌 *Boletus magnificus* W. F. Chiu 和紫褐牛肝菌 *Boletus violaceofscus* W. F. Chiu 均见于滇中、滇南和滇西；潞西褶孔菌 *Phylloporus luxiensis* M. Zang 和毛柄褶孔菌 *Phylloporus scabrusus* M. Zang 均见于滇西，即喜马拉雅以东地区，对牛肝菌类的分化成长是一个很有特色的地带（Singer,1986）。生于热带棕榈科植物叶鞘上的短苦孢牛肝菌 *Tylopilus nanus*（Mast.）Corner，见于南亚，勐腊有记录（裴维蕃口述 1986）。菌类的菌根宿主，往往随地域而不同，绿盖苦孢牛肝菌 *Tylopilus virens*（W.F.Chiu）Hongo，在云南初发现是在油杉 *Keteleeria evelyniana* Mast.林下，在婆罗洲和日本则见于松属的 *Pinus densiflora* Sieb. et Zucc. 和锥栎 *Castanopsis cuspidata* D. Don v. *sieboldii* Spach. 林下（Corner, 1972）。一个菌种，可能与多个树种和多个菌种相组合，专精不封闭，开放有所守，菌类与树种的组合是元气灵通，诸态博发。在林下根际之间，菌丝与纤维素酶（cellulases）的交换极为活跃，相继与溶胞酶（cellulolytic enzyme）的参与，木聚糖酶（xylanases）的相辅，木糖苷（B-xylosidase）和木聚糖酶（xylanolytic enzyme）的作用，均对菌类的营养提供和碳源的索取产生影响，形成芸芸众生，仰荷玉成，群生相聚，延年共存。植物体内的木质素（lignin）在各种酶的分解和转化中，也是菌类的营养来源，菌丝所饱含的水分则是植物的所需，故林下土壤中的物质转化和化学物质交流，也包括双方物质的对抗，（allopathy，医学译为对抗疗法）allos 希腊文是不同的，奇异之意，pathy 是事件，途径之意，可理解为不同物质的相互交换，包括双方的相苛。菌类与植物活体，腐烂物质间的多态交换过程是复杂而丰富的（Buswell and Chang, 1993）。故牛肝菌类与多种树种的根系，多种有机物质的交换；土壤微生物，水分等长期的组合共存，冬夏更替，才形成了奇葩艳丽的牛肝菌和其他树种相组成的郁郁葱葱的森林。

　　牛肝菌与树种的组合关系，复杂而丰富，多态多样。菌类对树种的结合，有的非常专一。例如虎皮乳牛肝菌 *Suillus spraguei*（Berk. et Curt.）Kuntz.（Syn. *Boletus spraguei* Berk. et Curt., Grevillea **1**: 35. 1872. —— *Boletinus pictus*（Peck）Peck, Bull. N. Y. State Mus. **8**: 77. 1889.）其所适应和固定的共生菌根的树种只限于松属 *Pinus* 的五针松类，如东北的红松 *Pinus koraiensis* Sieb. et Zucc.、华南的五针松 *Pinus kwangtungensis* Chun et Tsiang、毛枝五针松 *Pinus wangii* Hu et Cheng、华山松 *Pinus armandii* Franch.和西藏的乔松 *Pinus griffithii* McClelland.。作者在 North Carolina（1981）和 Alabama（1989）林下采到的虎皮牛肝菌，均见于北美的五针松 *Pinus strobus* L.林下，在地域相隔的遥远异地，其菌类与树

木的菌根组合确如此结联灵通，专精相系。树菌之间的代谢产物的交换，菌丝所蓄水分的分配，这都形成了自然界的和谐和互惠。加以内生菌(endophytic fungi)的共生作用，对双方体内毒素的分解和排出，微生物的作用，地下菌丝的活动，终年有序，生命不息，广积薄发(Rostilav Frellner & Peskova 1994; Carroll, 1995)。菌根菌的地下菌丝活动普遍性和连续性远较地表上的菌丝体活跃，它是连续终年，不分冬夏，地上的菌类子实体生长繁殖，是在每年的雨季来临后，而地下菌丝和地下真菌(hypogenous fungi)的生长繁殖则是日月经年，不曾停滞。凡腐木落叶久积厚累的原始林下，地表层的好气菌丝相应发达，故在离地表米余的树干上，也生出子实体(Zang & Li,2007)，如木生小牛肝菌 *Boletinus lignicola* M. Zang 在西藏巴嘎的松林中，居干而生，这显示出根际和树干表面的湿度已达到菌丝所需水分的饱和程度。

　　牛肝菌类与植物树种的要求的菌根组合，既有专一性，也有可与多个属种的广谱型，如赭色小牛肝菌 *Boletinus ochraceoroseus* Snell et Dick 与落叶松属 *Larix* 的多种树木，如落叶松 *Larix larcina* Koch, 南落叶松 *L. occidentalis* L.和珀氏落叶松 *L. potaninii* Batal.均可形成菌根组合。而迟生褐孔小牛肝菌 *Fuscoboletinus serotinus* (Frost.) A. H. Smith et H. D. Thiers 除与落叶松有菌根组合关系外，尚可与松属 *Pinus*、云杉属 *Picea* 和冷杉属 *Abies* 的多树种形成菌根，并常与白发藓属 *Leucobryum* 组成群落，是一个喜高山酸性土的菌类。与某些牛肝菌类形成菌根组合的树种，常见的是松属 *Pinus*、壳斗科 Fagaceae、豆科 Leguminosae 和桦木科 Betulaceae 等。

　　我国滇藏和川西的壳斗科植物属种多，分化活跃，海拔悬殊，东西坡气温和湿度不同，小环境和庇护所多而广，故特有属种应运而生，十里不同天的环境，其壳斗科植物的丰富，堪为全球之冠，除没有南半球的拟山毛榉属 *Nothofagus* 外，大量壳斗科树种遍布澜沧江、怒江和雅鲁藏布(江)的两岸，从低海拔的乔木到高海拔常绿灌木，林下牛肝菌蕴积超妙，奇葩博陈，仅以横断山区为例，现知青岗属 *Cyclobalanopsis* 13 种、石栎属 *Lithocarpus* 14 种、栎属 *Quercus* 27 种（王文采，1993）。其中川滇高山栎 *Quercus aquifolioides* Rehd. et Wils., 光叶高山栎 *Q. rehderiana* Handel-Mazz.黄背栎 *Q. pannosa* Handel-Mazz.和矮高山栎 *Q. monimotricha* Handel-Mazz.均为优势种，后者多在 4000 m 的高山云雾带，灌丛下生长的奇囊体绒盖牛肝菌 *Xerocomus miricystidius* M. Zang，异囊体绒盖牛肝菌 *Xerocomus heterocystides* J.Z. Ying，均以其奇形的囊状体形态与高寒多风的环境相适应。这一高山带往往与积雪相处，菌香淡淡影疏疏，雪虐风饕亦自如。横断山的东坡分布的竹生绒盖牛肝菌 *Xerocomus bambusicola* M. Zang，见于竹林下，珙桐绒盖牛肝菌 *Xerocomus davidicola* M. Zang，见于珙桐 *Davidia involucrata* Baill.树下，是典型的中国–日本菌物相成分。从川西向西，达三江高原，即金沙江、澜沧江和怒江，包括河谷和山脊，其西坡因受印度洋气流的影响，渐西而逐步湿润，东坡则渐西而相继干燥。山脉西坡的巨孢绒盖牛肝菌 *Xerocomus magniporus* M. Zang et R.H. Petersen，菌柄粗大肉嫩，东坡的毛柄绒盖牛肝菌 *Xerocomus tomentipes* (Earle) M. Zang et X.J. Li 其菌柄表面具发达的绒毛，显示出东坡的渐趋干旱。牛肝菌类除与树种的根系有密切菌根组合关系，另外也与其他隐花植物关系密切，如滇西北高山的波氏疣柄牛肝菌 *Leccinum potteri* Smith, Thiers et Walting 往往与叉枝石蕊 *Cladonia furcata* (Huds) Schrad.紧密交织，其柄基的菌丝离地表可达 10~15 cm, 地衣枝间的菌丝团呈银白色，紧团成簇，密不可分。

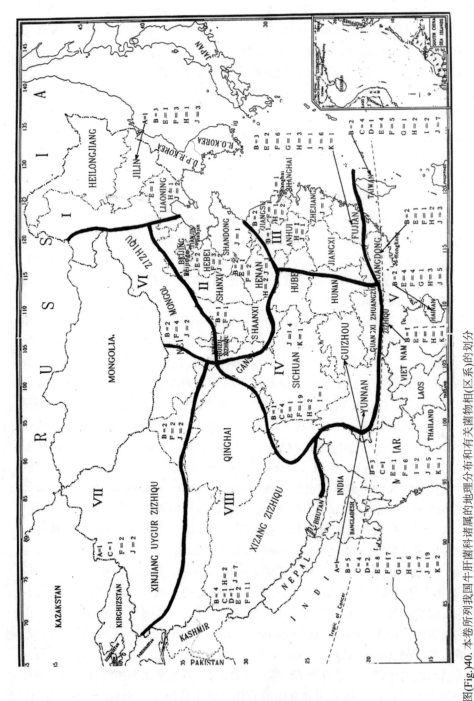

图(Fig.)40. 本卷所列我国牛肝菌科诸属的地理分布和有关菌物相(区系)的划分
The geographical distribution pattern of the genera褶孔牛肝菌属Boletinellus(A), 小牛肝菌属Boletinus(B), 褐孔小牛肝菌属Fuscoboletinus(C), 圆孢牛肝菌属Gyrodon(D), 圆孔牛肝菌属Gyroporus(E), 疣柄牛肝菌属Leccinum(F), 隆柄牛肝菌属Phlebopus(G), 粉末牛肝菌属Pulveroboletus(H), 华牛肝菌属Sinoboletus(I), 绒盖牛肝菌属Xerocomus(J), 金孢牛肝菌属Xanthoconium(K). I = 东北区North East, II = 华北区North, III = 华中华东区Central & East, IV = 西南区South West, V = 热带区Tropical area, VI = 内蒙古区Inner Mongolia, VII = 西北区North West, VIII = 青藏高原区Qinghai－Tibetan Plateau.

· 132 ·

在论叙牛肝菌科在横断山和西藏山系的东、西坡的物种分化时，对该区一些有经济价值的大型真菌在此乐土深山，也显示出其特殊和特有。这与牛肝菌类联系起来考虑，似更易理解这一地区真菌相的特点。如在川、黔、滇、东北以及日本中部和朝鲜半岛，有一定太平洋暖流影响的松林下，分布有松茸 *Tricholoma matsutake* (Imai et Ito) R. Singer；在栎林下，分布有栎松茸 *Tricholoma bakamatsutake* Hongo。在云南德钦的白马雪山，临近印度洋暖流的影响，在 3000 m 以上的高山栎林下，出现了高山栎松茸 *Tricholoma zangii* (M. Zang) Z.M. Cao, Y.J.Yao et D.N. Pegler, (Cao et al, 2003)。从滇西北到西藏的林芝和易贡，都出现后者。再一个例子是银耳属 *Tremella* 的两个种，银耳 *Tremella fuciformis* Berk.在四川通江一带的栎林树干上，长期被我国劳动人民栽培，这一技术已传入东亚和世界诸国；而在滇西北至西藏的米林、林芝和易贡等地西坡的高山栎树干上，生长着金耳 *Tremella aurantialba* R.J. Bandoni et M. Zang，该菌与毛韧革菌 *Thelephora hirsutun* (Willd.) Fr.相伴生，这是印度洋暖流影响下的产物。

喜马拉雅的升起，古地中海即特体斯海 (Tethys Geosyncline) 这是第三纪以前地壳中庞大的凹槽，海相地层的变形和隆起，造山运动的活跃，保留了海相和陆相的生物种群，延续了古老亲缘的现存和化石遗址。大牛肝菌 *Boletus gigas* Berk.习见于印度北部，竟也见于我新疆的阿尔泰山的天山云杉 *Picea schrenkiana* var. *tianschanica* (Rupr.) Chen 林下，这是在海退和喜峰隆起后保留的南大陆成分的北上物种。西藏高原和印度次大陆之间的雄伟山系，拥有 30 多座海拔超出 7300 m 的高峰，珠穆朗玛峰是世界的最高峰，高 8848.13 m，这里山峰陡峭，常年积雪，谷底冰川宽大，地质构造复杂，兼有温带和高山植被，造山运动还在继续，这极利于生物物种的杂交，分化和迁移，是研究和探索菌物相的最好地区之一。牛肝菌类和其他生物一样，在这种特有的环境下，随年华更替，星转斗移，物种的含英蕴华，就易于理解了。在我国的西南地区特有的华牛肝菌属 *Sinoboletus*，现知 11 种，这种菌管复孔型的菌管层面，与乳牛肝菌属 *Suillus*、小牛肝菌属 *Boletinus* 和褐小牛肝菌属 *Fuscoboletinus* 的某些种均保留了菌管的多层结构，或联结或分散，形态各异，这可能是一种原始形态。

牛肝菌类与树种有菌根共生组合关系，这是长期演化的结果。在和谐的协同进化长河中，互惠的利益是主要方面。但事物总有另一方面，树与菌也有不协调的方面。有些科，如胡桃科 Juglandaceae 中的胡桃 *Juglans regia* L.青钱柳属 *Cyclocarya* 因为在其根系周围代谢有胡桃苷 Juglanin, 胡桃醌 Juglone, 5-hydroxy-1, 4-naphthoguinon，这都是抑制牛肝菌生长的物质。再如桃金娘科 Myrtaceae 的桉属 *Eucalyptus* 由于根系含有桉油，故也未见有牛肝菌的出现。在近庐山的星子县，近鄱阳湖山地有很好的香樟 *Cinnamomum camphora* (L.) Sieb.林，树干合抱，林下蔚郁，但很少有牛肝菌的踪迹，这可能与树木根际有樟脑烯 comphene 的存在所致。

在研究我国牛肝菌科菌物相(区系)的过程中，由于作者的工作单位地处昆明，因此对西南山区的考察机遇较多。但我国地域辽阔，很多在地理、植被和菌物相很有特点的重要地区，其实地调查和资料掌握较为单薄。例如甘肃、宁夏一带，这是长江黄河南北分流的区域，这一源头地带对南北方的牛肝菌物种而言，既有相同的物种，也有趋异的类群。在野外择点分析很有必要。洮河由南向北，注入黄河。白龙江由北向南，注入长江。故甘南、川北是一个值得深入调查的地域。五十年代后期，在编写中国植物志的过程中，郑万钧先生为了岷江柏木 *Cupressus chengiana* S.Y. Hu 在甘肃的具体分布地点，需要再派人去核实，故推迟交稿，这种科学精神，令人钦佩。甘南地区的真菌学研究，也被邓叔群先生所重视，1941~1944 年，在抗战生活极困难时，他与妻，女全家到了洮河流域的卓尼进行杨属 *Populus* 造林和菌根研究，1944 年春天，洮河春雪融化，留在住处的爱女菲菲，被河水吞没卷走，仅以衣冠冢遗留山野，邓未索一文，其在卓尼研究的资料存甘肃林业厅周重光先生处，现周已仙逝有年，不知资料尚存否？继后该区的菌类调查，牛肝菌类的记录有北美乳牛肝菌 *Suillus americanus* (Peck) Snell et Slipp.、点柄乳牛肝菌 *Suillus granulatus* (L. : Fr.) Kuntz.（王云等，1991）。后袁明生对甘南地区也进行了采集和调查，补充了金黄绒盖牛肝菌 *Xerocomus chrysenteron* (Bull. : Fr.) Quél.和喜杉绒盖牛肝菌 *Xerocomus piceicola* M. Zang et M.S. Yuan（袁明生，孙佩琼，2007）及斑点铆钉菇 *Gomphidius maculatues* (Scop.) Fr.等的记录。我国的活化石水杉 *Metasequoia glyptostroides* Hu et Cheng，最早发现于湖北，而湖北的神农架又是我国生物多样性的分化中心之一，在本区记录了金牛肝菌 *Aureoboletus gentilis* (Quél.) Pouzar（庄文颖，2005），对该地的调查尚待深入。对我国牛肝菌科的了解，如鄂、湘、桂等省地，尚待深入洞其幽奥。云南的牛肝菌类是我国记录较早的省份，明朝，兰茂 (1397—1476) 所著的《滇南本草》即撰有："牛肝菌，肉微酸，辛，平，养血和中。"明朝徐霞客于崇祯 12~13 年 (1639—1640) 在采食云南菌类时也有记录，"菌之类，巨木盘纠，清泉漱其下，藤络其上，景甚清幽"。（《徐霞客游记》，1980 上海古籍出版社再版本）。迄今云南昆明每临雨季，民间市场，都有牛肝菌交易，除大量种类可食者外，有时也杂有毒菌，如魔牛肝菌 *Boletus satanas* Lenz.、黑色绒盖牛肝菌 *Xerocomus anthracinus* M. Zang, M. R. Hu et W.P. Liu、红脚牛肝菌 *Boletus queletii* Schuizer 以及部分乳牛肝菌 *Suillus*，时有误食遇险的事。

三、跋

　　1973 年秋，承吴征镒、王云章二先生的提携和鼓励，作者得以承担中国牛肝菌科志大部分属的编写，在工作中，深得王鸣岐、裘维蕃、周家炽诸先生的指导，解疑释惑，华函往来，殷如晤对，从野外工作、文献掌握，对物种的认识处理，从少到多，由简到繁，从野外观察、采集到镜检研究，迄今得以工作杀青，深感我的先师、同行们的教诲和帮助。他们日日年年，念我之殷，勖我之切，令我没齿难忘。鸣岐师曾与应建浙学姐早年在黄山采的似栖星绒盖牛肝菌 *Xerocomus astraeicopsis* J. Z. Ying et M. Q. Wang(1981)，标本依存，敬录本集，怀思之切，非诵可释。鸣岐恩师与周家炽二公，均多次告以牛肝菌与树种菌根的密切关系极为重要，嘱我务要在编志中载入。这些忠言至理，是我们治学的根本。在国外的专家中，除《中国真菌志第二十二卷牛肝菌科(I)》有记叙外，其中有需再介绍者，如 Singer(1906~1994)。他是近代帽菌目分类领域的大家，德籍美国人，生于 Schillerse。他的首篇论文是在 Lohwag 指导下，研究 Handel-Mazzetti 在我国湖南、云南采集的红菇属 *Russula*，计 16 种(Handel-Mazzetti, 1937)，从此，毕其一生，致力于帽菌类分类研究，曾在欧、美、澳、亚诸洲，广集博览，生前发表论文 300 余篇，其以无缘访华，为平生憾事，其临终时要求奏《国际歌》送行，逝于芝加哥。笔者在研究此科的过程中，有幸在国外进行过一些野外和标本室的工作，并蒙国外同行们惠赠资料和标本，对己极为有益。如在墨西哥湾沿岸的 Mobile, Theodore 一线的湿热林下，1987 年 7~8 月，曾与下列诸公(J. Baroni，D. Desjardin, Carl B. Wolfe, Jr.) 一道采集、讨论，并继以交换标本和资料，补益非浅。在国内同行中，下列诸君(如余永年、袁明生、吴兴亮、李泰辉、卯晓岚、邵力平、李玉、吴声华、陈健名、刘培贵、杨祝良等)长期互通有无，相助有加，殷殷垂念，仰承相助，得以完拙之愿。最后又蒙余永年、庄剑云、戴玉成、田金秀、庄文颖诸公审阅全文，纠正书中谬误，特再铭谢。又蒙王兆禹、张大成、马文章等同仁协助排版，特此致谢。并祁望读者教正，是所幸甚。

　　此书完稿之际，总感到师辈和同行对自己的教导、帮助永远是无穷的动力，对牛肝菌物种的认识和未尽的工作，似方兴未艾，工作只是开头，还有待来者努力。自然界中的物种还在演化和变化之中，生死交替，永无尽止。一切事物都是在无尽的运动中，得以分化发展，或淘汰灭绝，这里有自然变化的规律，有人类对自然的认识，古人对事物的理解，有时是颇为可取的，现引用苏东坡的一段话，作为本卷的终结：

　　盖将自其变者而观之，则天地曾不能以一瞬，自其不变者而观之，则物与我皆无尽也。而又何羡乎？且夫天地之间，物各有主，苟非吾之所有，虽一毫而莫取，惟江上之清风与山间之明月，耳得之而为声，目遇之而成色，取之无禁，用之不竭，是造物者之无尽藏也。

本卷主编臧穆

2011 年 6 月于昆明

参 考 文 献

毕志树，李泰辉，章卫民，等. 1997. 海南伞菌初志 牛肝菌科. 广州：广东高等教育出版社：273–32.

毕志树，郑国扬，李泰辉. 1990. 粤北山区大型真菌志. 广州：广东科技出版社：248–295.

毕志树，郑国扬，李泰辉. 1994. 广东大型真菌志 牛肝菌科. 广州：广东科技出版社：58–593.

陈宜瑜. 2010. 青藏鱼和青藏隆升的故事. 温谨访问整理青藏高原科考访谈录(1973–1922)长沙：湖南教育出版社：276–312.

戴芳澜. 1979. 中国真菌总汇. 北京：科学出版社：383–817.

戴贤才，李泰辉. 1994. 四川省甘孜州菌类志，成都：四川科学技术出版社：226–263.

邓叔群. 1964. 中国的真菌. 北京：科学出版社：342–554.

纪开萍，张春霞，曾雁，刘昌芬，何明霞，王文兵. 2007. 盆栽条件下怪形隆柄牛肝菌 *Phlebopus portentosus* (Berk. et Broome) Boedjin 人工菌塘及其子实体培养. 云南植物研究 **29(5)**：554–558.

兰茂(Lan M. 明，嘉靖丙辰年范洪抄本). 1978 再版. 滇南本草(整理组)卷三. 昆明：云南人民出版社：28–31.

兰茂(明，1397–1476)）：1959《滇南本草》卷一至卷三. (据明嘉靖丙辰正月，务本堂刻本). 昆明：云南人民出版社.

李建宗，胡新文，彭寅斌. 1993. 湖南大型真菌志. 长沙：湖南师范大学出版社：300–307.

李茹光. 1991. 吉林省真菌志. 第一卷，牛肝菌科. 长春：东北师范大学出版社：250–265.

李茹光. 1998. 东北地区大型经济真菌. 长春：东北师范大学出版社：53–57.

李艳春，杨祝良. 2009. 我国粉孢牛肝菌属红疣亚属的系统发育与分类. 中国菌物学会 2009 学术年会论文摘要集：7–8.

刘波. 1991. 山西大型食用真菌，牛肝菌科. 太原：山西高教联合出版社：77–84.

刘培贵. 1989. 内蒙古大青山高等真菌分类与区系地理研究. 中国科学院昆明植物研究所硕士学位论文，5–192.

卯晓岚，蒋长坪，欧珠次旺. 1993. 西藏大型经济真菌. 北京：北京科学技术出版社：343–385.

卯晓岚，庄剑云. 1997. 秦岭真菌. (中国科学院真菌地衣系统学开方研究实验室科学考察丛书). 北京：中国农业科技出版社：140–143.

卯晓岚. 1995. 南峰地区大型真菌区系//李渤生. 南迦巴瓦峰地区生物. 北京：科学出版社：118–192.

卯晓岚. 1998. 中国经济真菌. 北京：科学出版社：304–360.

卯晓岚. 2000. 中国大型真菌. 郑州：河南科学技术出版社：305–338.

卯晓岚. 2009. 中国蕈菌. 北京：科学出版社：329–402.

裘维蕃，余永年. 1998. 菌物学大全. 北京：科学出版社：1–1124.

裘维蕃. 1957. 云南牛肝菌图志. 北京：科学出版社：1–151.

上海农业科学院食用菌研究所. 1991. 中国食用菌志. 北京：中国林业出版社：193–218.

邵力平，项存悌. 1997. 中国森林蘑菇. 哈尔滨：东北林业大学出版社：276–321.

王文采. 1993. 横断山区维管植物(上册). 1–1363.(下册). 1–2608. 北京：科学出版社.

王也珍，吴声华，周文能，等. 1999. 台湾真菌名录. 台北：(中国台湾省)农业委员会：1–289.

王云，何兴元，赵宝珠 1991. 白龙江林区外生菌根真菌初步调查研究，载于尹柞栋，赫卓峰主编：白龙江—洮河林区综合考察论文集. 上海：上海科学技术出版社.

王云章，臧穆. 1983. 西藏真菌. 北京：科学出版社：102–109.

文化安，李滨，孙述霄. 1997. 河北小五台山菌物. 北京：中国农业出版社：98–99.

吴兴亮，1989. 贵州大型真菌. 贵阳：贵州人民出版社：77–89.

吴兴亮，臧穆，夏同珩. 1997. 灵芝及其他真菌彩色图志. 贵阳：贵州科技出版社：1–347.

谢支锡，王云，王柏等. 1986. 长白山伞菌图志. 长春：吉林科技出版社：21–34.

徐弘祖. 1980. 徐霞客游记再版本. 上海：上海古籍出版社：850–1000.

杨祝良，臧穆. 2003. 中国南部高等真菌的热带亲缘. 云南植物研究，25(2)：129–144.

应建浙，文华安，宗毓臣. 1994. 川西地区大型经济真菌. (青藏高原横断山区科学考察丛书)北京：科学出版社：51–62.

应建浙，臧穆. 1994. 西南地区大型经济真菌，牛肝菌科. 北京：科学出版社：226–284.

应建浙，宗毓臣. 1989. 神农架大型真菌的研究//中国科学院神农架真菌地衣考察队. 神农架真菌与地衣. 北京：世界图书出版社：233–256.

袁明生，孙佩琼. 1995. 四川菌蕈. 成都：四川科学技术出版社：239–302

袁明生，孙佩琼. 2007. 中国菌蕈原色图集. 成都：四川科学技术出版社：178–219.

臧穆，胡美蓉，刘我鹏. 1991. 福建牛肝菌科二新种. 云南植物研究 **13（2）**：149–152.

臧穆. 1996. 横断山区真菌，牛肝菌科. 北京：科学出版社：256–291.

张光亚. 1999. 中国常见食用菌图谱. 昆明：云南科技出版社：65–75.

张树庭，卯小岚. 1995. 香港蕈菌. 香港：中文大学出版社：224–251.

赵震宇，卯晓岚. 1985. 新疆大型真菌图鉴. 新疆八一农学院：1–93.

郑文康. 1988. 载云南省卫生防疫站编：云南食用菌与毒菌. 昆明：云南科技出版社：12–23.

Alessio C L.1985.Boletus（Fungi Europaei) 418 – 420, 499. Libreria editrice Biella Giovanna; Saronno Anonymous（无名氏）1976. 真菌名词及名称. 北京：科学出版社. 1–467.

Bandoni R J, Zang M. 1989.On an undescribed *Tremella* from China. Mycologia 82: 270–273.

Bessette Alan E, Roody William C, Ressett Arleen R.1999. North American Boletes. Syracuse: Syracuse University Press. 1–396.

Both, Ernst E. 1993. The Boletes of North America. A compendium 1–433. Buffalo Museum of Science, Buffalo, N. Y.

Breitenbach J. & Krenzlin F.1991.Fungi of Switzerland. A contribution to the knowledge of the fungal flora of Switzerland.Vol.3: 50–91.Sticher Printing AG, 6002. Lucerne

Brinsinsky A. & Besl H. 1999. A Colour Atlas of Poisonous fungi.A handbook for pharmacists, doctors and biologists.Translated by Noman Grainge Bisset,London. Wolfe Publishing Ltd：244–245.

Bulliard J.B.F. 1786 – 1793.Herbier de la France on Collection complete des Plantes indigenes de ce Royaume. Paris.

Buswell J. A., Cai Y. J. & Chang S. T. 1993. Fungal and substrate–associated factors affecting the growth of individual mushrooms species on different lignocellulosic substrates. In "Mushroom Biology and mushroom products" edited by Chang, S. T., J.A. Buswell &S. W. Chiu. The Chinese University Press（HK）141–150.

Cao Z.M.,. Y.J. Yao & D.N.Pegler. 2003. *Tricholoma zangii*, a new name for *T.quercicola* M. Zang（Basidiomycetes: Tricholomataceae) Mycotaxon, **85**: 161–164.

Carroll G. 1995. Fo.rest endophytes: Pattern and process.Rev.Canadian Journal of Botany. **73**：（Suppl., **1**)：S1316–S1324.

Chui W.F. 1948. The Boletes of Yunnan.Mycologia, **40**: 199–231.

Clyde F.R.& Farr D.F.1993.Index to Saccardo's Sylloge Fungorum Volume I – XXVI in XXIX 1882–1972. p.78–83, 884. Printed in United States Rose Printing Co.Inc Allahassee, Florida, 32314.

Coker W C. & Beers A.H. 1943.The Boleti of North Carolina. NY. Dover Publ.Inc. 1–92.

Corner E.J.H. 1972.Boletus in Maleysia. The Botanic Gardens, Singapore and Printed at the Government Printing Office, Singapoire. 1–263.

Donk M A. 1955. The generic names proposed for hymenomycotes. IV. Boletaceae. Reinwardtia, **3**: 275–313.

Fries E. 1821. Systema Mycologicum **1**: 385–397. Office Berlingiana.

Gilbertson R L. 1962.Index of Species and Varieties of Fungi Described by C. H. Peck from 1909 – 1915.Mycologia, **54**: 460–465.

Gilbertson R L.1931.Les Boletes.. p.1–255. Paris.

Grund D W. & Harrison KA.1976. Nova Scotian Boletes. Bibliotheca Mycologica, **47**：1–206.J. Cramer.

Halling R E. 1983. Boletes described by Charles C. Frost. Mycologia, **75**: 70–92.

Halling R E.1986. An annotated index to species and infraspecific taxa of Agaricales and Boletales described by William A. Murrill. Mem. N. Y. Bot.Gard., **40**: 1–120.

Handel-Mazzetti H. 1937.Symbolae Sinicae, Hymenomycetes. Julius Springer, Wien：37–73.

Heim R. 1971.The interrelationship between the Agaricales and Gasteromycetes. In Petersen R. H. edited. Evolution in the higher Basidiomycetes. An International Symposium. Knoxville：The University of Tennessee Press：505–523.

Heinemann P.1960.Notes sur les Boletineae Africanes II..Trois boletes de l' Uganda du Jardin Botanique de l' Etat. Bruxelles, **30**:

21–24.

Hongo T. 1969. Notes on Japanese larger fungi(20), Journ. Jap. Bot., 40(8): 235–238.

Hongo T. 1970. Notulae Mycologicae(9).Mem. Shiga Univ., **20**: 52–54.

Hongo T. 1973. Enumeration of the Hygrophaceae,Boletaceae and Strobilomycetaceae.Mycolo–gical Reports from New Guinea and the Solemon Islands.(16–21)Bull. National Science Mus., **16(3): 573–557.

Hongo T. 1973. Notulae Mycologicae. Mem. Shiga University, **23**: 37–43.

Hongo T.(本乡次雄)& Nagasawa E.(长泽荣史)1975. Notes on some boleti from Tottori.Tottori Mycol. Inst. (Japan)**12**: 31—40

Hongo T.(本乡次雄)1964. Notulae Mycologicae(3), Mem.Shiga Univ., **14:** 43– 47.

Horak E. & J.Mouchacca 1998. Annotated check list of New Caledonian Basidiomycotas.I.Hol-Basidiomycetes.Mycotaxon, **68**: 75–130.

Horak E. 1980. Indian Boletales and Agaricales revisions and new taxa. Sydowia, **33**: 88–110.

Horak E. 1980. New and remarkable Hymenomycetes from tropical forests in Indonesia(Java) and Australasia. Sydowia, **33:** 39–63.

Horak E. 1980.Supplementary remarks to *Austroboletus* (Corner) Wolf. (Boletaceae). Sydowia, **33:** 71–87.

Horak E. 1987. Boletales and Agaricales(Fungi)from Northern Yunnan,China I. Revision of material collected by H. Handel–Mazzetti(1914–1816)in Lijiang. Acta Botanica Yunnanica, **9(1)**: 65–80.

Horak E. 1987.Agaricales from Yunnan, China. Trans.Mycol. Soc. Japan.**, 28:** 171–188.

Imazeki R(今关六也), Otani Y.(大谷吉雄), Hongo T. 1988.Fungi of Japan. Yamake: Publishers Co. Ltd. 296–355.

Ito S.(伊藤诚哉)1953. Mycological Flora of Japan. Vol.II: 30–39. Yokendo Ltd.

Juelich W. 1981. Higher taxa of Basidiomycetes. Bibliotheca Mycologica **85**.Cramer Vaduz.

Li T H & Song B. 2000. Chinese Boletes : A comparison of boreal and tropical elements. The Millenium Meeting on Tropical Mycology(Main Meeting on Tropical Mycology)April. Liverpool 8.

Linnnaeus C. 1737. Genera Plantarum Boleti. Spec.Linn.gen.n.1705.

Lohwag H. in Handel-Mazzetti H. 1937. Symbolae Sinicae II. Fungi. Julius Springer in Vienna. 54–58.

Mier K S, Mier N D, Wang M（王鸣）et al.1998. Antifeeding and repellent properties of mushroom and toadstood carpophores. Acta Botanica Yunnanica, **20(2)**: 193–196.

Murrill W A. 1910.Boletaceae,North American Flora, **9**: 133–161.

Murrill W A. 1938. New Boletes. Mycologia **30(5)**: 520–525.

Patoullard N. 1895. Enumeration des Champignous recoltes par les R. P. Farges et Soulie dans le Thibet orientale et le Sutchuen. Bull. Soc.Mycol.France. **11:** 196–199.

Patoullard N. 1900. Ess Taxonomique sur les familles et les generes des Hymenomysetes.Lons-le-Saunier. 184.

Peck C.H. 1889. The Boleti of the United State.Bull.N. Y. State Mus., **2(8)**: 73–166..

Pegler D.N. 1977. A Preliminary Agaric Flora of East Africa. Kew Bulletin Additional Series **VI:** London 546–569.

Pegler D.N. 1981. A natural arrangement of the Boletales,with reference in spore morphology. Trans.Brit.Mycol.Soc., **76(1)**: 103–146.

Pfister D.H. 1977. Annotated Index to Fungi described by N. Baltimore.Maryland.Contributions of Reed Herbarium. Braun–Bruunfield, Inc.Arbor. Michigan. **24:** 1–211.

Pilat A., Dermek A. 1974. Hribovite Huby(Botataceae et Gomphidiaceae).Slovenskej Akademie Bratislava.

Quélet L. 1888. Flore Mycologique de France. Pl. I – XVII. 1–492. Paris.

Rea C. 1922. British Basidiomycetae Cambridge University Press. 572–577.

Rostislav, Frellner & V. Peskova. 1994. Effects of industrial pullutants on ecto-mycorrhizal relationships in temperate forests. Rev. Canad. de Botanique 73: Supplement S1310-S1315.

Singer R. 1947. The Boletoideae of Florida. The American Midland Naturalist, **37(1)**: 129–302. reprint 1977.

Singer R. 1977. The Boleteineae of Florida.Biblotheca Mycologia, **58:** 1–302.

Singer R. 1986. The Agaricales in Modern Taxonomy. Fourth pully revised edition. Koeltz Scientific Books. 1– 981.

Singer R. 1990. The Boletine of Mexico and Central America I & II. Beiheft zur Nova Hedwigia **98**:1 – 20. Ditto 1992. **106:** 3–62.

Singer R., Digilio A.P.L. 1960.Las boletaceae de Sudameric tropical..Lilloa, **30**: 141–164

Singer R., Singh B. 1971. Two new ectotroph–forming boletes from India. Mycopath.Myc. Appl., **43:** 25–33.

Singer R., Smith A.H. 1947.Type studies on Basidiomyetes III. Mycologia, **39:** 171–189.

Singer R., Smith A.H. 1959. Notes on secotiaceous fungi.Brittonia, **11:** 205–228.

Singh S, Thaper H S. 1987. Identification of fungal symboint from mycorhizal characters in ectomycorrhizae of forest tree. Mycorrhiza Round Table.IDRC.New Delhi: 84–90.

Smith A.H., Thiers Hss. The Boletes of Michigan. Ann.Arbo. The Univ. of Michigan Press: 1– 428.

Snell W H, Dick E A. 1941. Notes on Boletes VI. Mycologia, **33:** 23–47.

Snell W H, Dick E A. 1970. The Boleti of Northeastern North America p. 1–111. Lehre Verlag von J. Cramer.

Tai F L.（戴芳澜）1936 – 1937. A list of fungi hitherto known from China. Sci. Rept. Nat. Tsing Hua Univ. Ser. B.: 137 – 165, 191 – 636.

Tanaka C.（田中长三郎）1920. On shiikuwasha orange in Okinawa, Ryukyu. Journal of Japanese Botany, **3(8)：** 190.

Tanaka C. 1933. *Citrus* studies. p. 5– 203. 养贤堂发行.

Teng S C（邓叔群）& Ou S H.（欧世璜）1939 Additional fungi from China VII. Sinensia, **8（5–7)：** 411–444.

Teng S C. 1939.A contribution to our knowledge of the higher fungi of China. National Institute of Zoology & Botany, Academia Sinica: 433–443.

Teng, SC. 1996. Fungi of China（Edited by Richard P.Korf）. New York: Ltd. Ithaca: 398–399, 407–408.

Thiers H D & Halling R E. 1976. California Boletes V. Two new species of *Boletus.* Mycologia, **68** : 976–981.

Thiers H.D. & Trappe J.M.1969. Studies in the genus *Gastroboletus* Brittonia **31:** 244–254.

Thiers H.D.1976. *Boletus* of the Southwestern United State. Mycotaxon **3:** 261–273.

Tzean S S, Hsieh W H, Chang T T, Wu S H. 2005.Fungal Flora of Taiwan,Vol.**3.** 1070–1166. by C. M. Chen.

Wang Q B（王庆彬）, Yao Y J（姚一建）.Revision and nomenclature of several boletes in China. Mycotaxon, **89(2)：** 341–348.

Watling R, Li T H. 1999 Australian Boletes :A preliminary Survey. Key to the Boletes known from Australia. Royal Botanic Garden Edingburgh: 1–71.

Wolf Jr. C. B. 1979. *Austroboletus* and *Tylopilus.* subgenus *Porphyrellus* with emphasis on North American taxa. Bibliotheca Mycologica, **9:** 1–148. J. Cramer.

Yeh K M, Chen Z C. 1980.The Boletes of Taiwan（I）. Taiwania, **24:** 166–184.

Yeh K M, Chen Z C. 1981.The Boletes of Taiwan（I）. Taiwania, **26:** 100 – 115.

Ying J Z, Wang M Q. 1981. A new species of the genus xe*rocomus* from China. Acta Bot. Yunnanica, **3(4)：** 439–440.

Ying J Z. 1986. New species of the genus *Xerocomus* from China. Acta Myc. Sinica Supp **I:** 309–315.

Zang M（臧穆）, Huang N L（黄年来）2002. A new species of the genus *Boletus* from China, *Boletus minimus.* Acta Bot. Yunnanica, **24(6)：** 723–724.

Zang M, Chen C M（陈建名）& Sittigul C. 1999. Some new and interesting taxa of Boletales From tropical Asia. Fungal Science, **18(1,2):** 19–25.

Zang M, Li X J（黎兴江）. 2007. A certain of the macrofungi associated with different woods in Yunnan, S. W. China. The 5th International workshop of Edible mycorrhizal mushrooms propram of IWEMM 5. August.: 25 –29.

Zang M, Liu Y（刘燕）.2002. A new bolete, *Sinoboletus tengii* from China.Acta Bot. Yunnanica, **24(2)：** 205–208.

Zang M, Petersen R H. 2004. Notes on tropical boletes from Asia, Acta Bot. Yunn., **26(6)：** 619–627.

Zang M,Li T H（李泰辉）, Petersen R H.2004. Notes on Tropical Boletes from Asia. Acta Bot. Yunnanica, **26(6)：** 619–623.

Zang M. 1996. A contribution the taxonomy and distribution of the genus *Xerocomus* from China Fungal Science **11(1, 2)：** 1–15.

Zang M. 1999. An annotated check–list of the genus *Boletus* and its sections from China. Fung. Sci. **14(3, 4):** 79–87.

Zhuang W Y 2005. Fungi of Northwestern China. New York: Mycotaxon Ltd. Ithaca: 1–430.

Zhuang W Y（庄文颖）. 2001. Higher Fungi of Tropical China. New York：Mycotaxon Ltd. Ithaca: 332–339.

真菌汉名索引

真菌学名索引

植物汉名索引

植物学名索引

A

A. incana　27

A. rugosa　27

A. mandshurica　27

Abies　22, 24, 33, 40, 46, 48, 49, 58, 60, 61, 62,
　70, 101, 115, 116, 119, 121, 131

Abies balsamea　6

Abies fraseri　15

Abies georgei　49, 64, 74, 83

Acacia farnesiana　33

Acer saccharum　64

Actinothuidium hookeri　60

Aldina　129

Alnus　28, 34, 53, 55, 58, 61, 62, 65, 76, 90

Alnus cremastogyne　64

Alnus cremastogyne　64

Alnus crispa　27

Alnus firma　32

Alnus japonica　34, 45

Alnus mandshurica　32, 34

Alnus nepalensis　27

Astragalus yunnanensis　96

B

Betula　16, 28, 45, 46, 53, 55, 58, 61, 62, 65, 76,
　121, 123

Betula alnoides　45, 52, 64

Betula cordifolia　45

Betula delavayi　45

Betula lenta　64

Betula papyrifera　45, 55

Betula potaninii　45

Betulaceae　131

C

Camellia oleifera　116, 118

Carpinus　34, 38, 53, 56

Castanopsis　49, 107, 110, 122

Castanopsis carlesii　65

Castanopsis catathiformis　79

Castanopsis delavayi　87

Castanopsis fleuryi　79, 83

Castanopsis hystrix　103

Castanopsis uraiana　9

Casuarina　38

Cinnamomum camphora　133

Coffea arabica　68

Corylus　123

Cunninghamia lanceolata　15

Cupressus chengiana　134

Cycas siamensis　106

Cyclobalanopsis　131

Cyclobalanopsis delavayi　21, 111

Cyclobalanopsis glaucoides　21

Cyclobalanopsis patelliformis　109

Cyclocarya　133

D

Davidia involucrata Baill　103, 104, 131

E

Entodon compressus　60

Eucalyptus　129, 133

F

F. baroriana　3

F. platypoda　3

F. sofoliana　3

图　版

（本卷书内各属代表种的野外彩色照片）

1. 亚洲小牛肝菌 *Boletinus asiaticus* R. Singer，内蒙古，呼伦贝尔盟额尔古纳左旗，根河，日本落叶松 *Larix kaempferi* (Lambr.) Carr. 林下，1984. 杨文胜（HKAS 23884）。
2. 黏柄褐孔小牛肝菌 *Fuscoboletinus glandulosus* (Peck) Romerleau et A. H. Smith，四川，西昌，螺髻山，2000 m，松栎林地上，1983. 袁明生75（HKAS 11873）。

图版II

3. 铅色圆孢牛肝菌 *Gyrodon lividus* (Bull.) Sacc. 四川，蒲江大塘，600 m，马尾松与栎类或油茶混交林地上，1997. 袁明生 2792 (HKAS 31254)。

4. 栗色圆孔牛肝菌 *Gyroporus castaneus* (Bull.) Quél. 广西，金秀大瑶山，1100 m，落叶石栎及松林下，1999. 袁明生 4144 (HKAS 34647)。

5. 波氏疣柄牛肝菌*Leccinum potteri* A.H. Smith, H.D. Thiers et R. Watling 云南，德钦，白马雪山，3700 m，叉枝石蕊*Cladonia furcata* (Huds.) Schrad. 丛中，1992.王立松。

6. 红斑疣柄牛肝菌*Leccinum rubrum* M. Zang，四川，小金，3400 m，冷杉林下，密叶绢藓*Entodon compressus* C. Muell.丛中，1998. 袁明生3180（HKAS33928）。

图版 IV

7

8

7. 怪形隆柄牛肝菌 *Phlebopus portentosus*（Berk. et Broome）Boedjn，云南，景洪，小粒咖啡 *Coffea arabica* L. 林下，2006. 纪开萍（HKAS 49706）。

8. 黄孔粉末牛肝菌 *Pulveroboletus auriporus*（Peck）R. Singer，四川，西昌，螺髻山，2500 m，松林下，1983. 袁明生 193。

9. 前川华牛肝菌*Sinoboletus maekawae* M. Zang et R.H. Petersen，云南，点苍山，3420 m，长苞冷杉*Abies georgei* Orr. 和滇石栎*Lithocarpus dealbatus*（Hook.f. et Thoms）Rehd. 林下，2000. 前川太郎（Machawa）及臧穆13698（HKAS 36698）。

10. 粒表绒盖牛肝菌*Xerocomus roxanae*（Frost）Snell. 四川，稻城，巨龙，松林下，3700 m，1984. 袁明生561（HKAS 15709）。

11. 绒盖牛肝菌*Xerocomus subtomentosus*(L.: Fr.)Quél. 海南，乐东，尖峰岭保护站，900 m，常绿林地上丛生，1999. 袁明生 4325（HKAS 34655）。

12. 褐金孢牛肝菌*Xanthoconium affine*(Peck)R. Singer，四川，米易，海塔，2000 m，云南松与栎树混交林地上，1986. 袁明生 1165（HKAS 18410）。

Q-3157.0101

ISBN 978-7-03-037822-

9 787030 378224